KB020597

하늘을 나는 달팽이

동식물들의 따뜻한 관계맺기

하늘을 나는 달팽이

지 은 이   권오길
2010년 1월 25일 개정판 2쇄 발행
2005년 3월 4일 개정판 1쇄 발행
1999년 4월 20일 초 판 1쇄 발행

편집주간   김명희
편   집   조현경, 김재희, 김찬
디 자 인   이유나, 박선아
영업팀장   권장규

펴 낸 이   이원중
펴 낸 곳   지성사
출판등록일   1993년 12월 9일
등록번호   제10 - 916호
주   소   (121 - 829) 서울시 마포구 상수동 337 - 4
전   화   (02) 335 - 5494 ~ 5
팩   스   (02) 335 - 5496
홈페이지   www.jisungsa.co.kr
이 메 일   jisungsa@hanmail.net

종   이   대림지엄
인   쇄   천일문화사
제   본   상지사
라미네이팅   미송코팅

ISBN 89 - 7889 -116 - 0(03470)
잘못된 책은 바꾸어 드립니다. 책값은 뒤표지에 있습니다.

* 이 도서의 국립중앙도서관 출판시도서목록(CIP)은 e-CIP 홈페이지(www.nl.go.kr/cip.php)에서
이용하실 수 있습니다.(CIP제어번호 : CIP2005000409)

하늘을 나는 달팽이

권오길 지음

지성사

권 오 길

경남 산청에서 태어나 진주고, 서울대 생물학과 및 동 대학원을 졸업하고, 수도여고 · 경기고 · 서울사대부고 교사를 거쳐 지금은 강원대 생물학과 교수로 재직 중이다. 청소년을 비롯해 일반인이 읽을 수 있는 생물 에세이를 주로 집필했으며, 글의 일부가 현재 중학교 국어 교과서에 실려있기도 하다. 강원일보에 10년 넘게 <생물 이야기> 칼럼을 연재하고 있으며, 지면과 방송을 통해 과학의 대중화에 꾸준히 힘쓰고 있다. 2000년 강원도문화상학술상, 2002년 간행물윤리위원회 '저작상', 2003년 대한민국과학문화상을 수상했다.

지은 책으로 『바람에 실려 온 페니실린』, 『열목어 눈에는 열이 없다』, 『생물의 다살이』(개정판), 『달팽이』(공저), 『꿈꾸는 달팽이』(개정증보판), 『생물의 죽살이』(개정판), 『인체기행』(개정증보판), 『생물의 애옥살이』(개정판), 『바다를 건너는 달팽이』(개정판), 『개눈과 틀니』 등이 있다.

얼마 전 강원대학교 신문사 주최로 필자를 대변하는 『꿈꾸는 달팽이』의 네 번째 독서 토론회가 있었다. 그 전 주에는 소설가 전상국(全商國) 교수께서도 참석하셔서 땀을 빼셨다. 참석한 학생, 교수 들은 토론회가 시작되기 전에 뜨끈한 감자와 녹차를 먹으며 음악학과 학생들의 아름다운 연주를 듣고 있었다. 엄숙하면서도 생경스런 분위기에 나는 다소 우쭐했으나 긴장의 끈은 여전히 팽팽했다.

신문사 주간께서 토론회 취지를 설명하고, 교수 대표께서 책에 대한 총평을 하셨다. 그 다음은 내 차례였다. 『꿈꾸는 달팽이』는 나의 맏이다. 맏이는 언제나 귀여움과 사랑을 독차지한다. 가장 애착이 가고 영혼이 스며있는 책임을 설명했다.

필자는 원래 동물분류학자다. 그중에서도 연체동물이 전공이다. 교육부에서 발간한 권위 있는 생물전공책인 『한국동식물도감』 중 내가 쓴 32권(연체동물편)이 나의 전공을 말해준다. 그 뒤에 몇 권의 『한국패류도감』을 더 냈다. 여기서 패류(貝類)란 산이나 들판, 강이나 연못, 호수, 바다에 사는 조개와 고둥 무리를 통칭한다. '어패류(魚貝類)'의 패류라 생각하면 아주 쉽다.

30여 년을 전국을 돌아다니면서 이것들을 채집·분류하여 사진을 찍고, 거기에 설명을 붙이는 데 보냈다. 이 시기의 경험이 아마도 내 글의 정수(精髓)가 되었을 것이다. 안정된 환경에서는 변화, 발전이 없는 법. 그래서 고생은 사서도 한다.

고둥 무리 중에서도 땅에 사는 것을 통틀어 '달팽이'라 한다. 바로 이 달팽이를 연구하여 학위를 받았기에 나는 '달팽이 박사'가 되었고 그것은 나의 또 다른 이름이 되고 말았다. 독서 토론회에서 한 학생이 "선생님 책 제목에는 왜 '달팽이'란 말이 많이 붙어 있습니까?"라고 질문했는데 이것이 그 답이다. 이렇듯이 필자는 원래는 글쟁이가 아니라 생물학자다. 패류에 관한 논문도 80여 편이나 되니 말이다.

'하늘을 나는 달팽이'가 어디 있을까마는 훨훨 날아보고 싶은 마음에 책 제목을 이렇게 지었다. 여기서 달팽이는 바로 나를 의미한다. '하늘을 난다'는 것이 죽음의 뜻은 단연코 아니다.

생명력 질긴 너! 너의 개정판 출간을 축하한다.

2005년 2월 권오길

시심(詩心)이란 분명 자연을 알고 가까이할 때라야 우러나오는 것
이리라. "물 흐르는 소리 귀 기울이고 들어보니 신의 소리였다."라거
나 "베어버리자니 풀 아닌 게 없고, 예쁘게 보자니 꽃 아닌 게 없다."
라고 하니, 일체유심조(一切唯心造)라고 마음먹기에 따라 시끌벅적한
물소리가 청량하게 들리고 또 잡초 한 포기가 청아한 꽃이 되기도
한다. 자연은 아는 만큼 보이고 본 만큼 알게 된다는 말이 정녕 옳다.

필자는 과학이라는 학문의 거창한 의미보다는 우리가 살아가면서
자연을 있는 그대로 보고 느끼며 그들과 상생(相生)하는 지혜를 얻
자고, 독자들과 약속한 대로 해마다 한 권씩 부동심(不動心) 이런 유
의 책을 내고 있다.

이 책은 『꿈꾸는 달팽이』를 시작으로 여덟 번째 내는 생물 이야기
다. <강원일보>, <한국일보>, <과학동아>, <월간 에세이> 등의 지면
에 연재했던 글을 모으고 거기에 새것을 덧붙여서 묶었는데, 어떻게
보면 그게 그것같이 느껴지는 구닥다리 유성기판을 돌리는 느낌이
들기도 하지만, 그래도 나름대로는 마르고 닳도록 스스로를 초달(楚
撻)하면서 1년간 있는 넋을 다 쏟아부은 글이라 흐뭇함도 없지는 않
다. 특히 잡다하고 알량한 과학 정보 나부랭이가 난무하는 요즘에

과학에 목마른 이들이 읽을거리를 선택하는 데 무척 혼란스러울 것으로 보이는데, 이미 출간된 책들과 이것을 읽어보면 그 갈증이 해소될 것이라 믿는다. 어렵디어렵게 생각하는 '과학'을 쉽게 풀어써서 독자들이 자연에 가까이 가게끔 전령 역할을 하는 것이 나의 임무임을 잘 알고 있다.

은근슬쩍 풀어놓은 제 자랑은 이 정도로 하고, 자연(동식물 생태)을 그리는 동양화가 이호신 화백이 <불교신문>에 쓴 글 한 토막을 소개하고자 한다.

"산과 들, 강과 바다, 늪지와 갯벌에 이르기까지 사철 '생명의 숨결'은 상생의 노래를 그치지 않았다. 수천 마리의 철새들이 한 마리도 이탈 없이 무리를 이룬 새 떼들의 정연한 모습을 통해 질서 의식을 느끼지 않을 수 없고, 고사목(枯死木)에서 피어난 꽃들을 발견하는 순간 생사의 운행(運行)과 우주의 섭리를 생각해야만 했다."

우리는 이 짧은 글을 통해 그분이 얼마나 자연에 몰입하여 그것과 가까이하고 있는가를 느낄 수 있다. 자연은 꼭 수십만 개의 부속품이 딸린 비행기가 성하게 나는 모습이라 할 수 있다. 작은 나사 하나만 빠져도 그 비행기는 온전한 비행을 할 수 없다. 잠시 멋지게 날 수 있을지는 모르지만 언젠가 그 날틀은 곤두박질치고 말 것이다. 사람을 포함한 생태계도 이와 마찬가지다. 우리는 사람과 사람, 사람과 자연이 서로 뗄 수 없이 얽혀서 더불어 살아가는 상생의 중요성을 깨닫고 고마움을 느껴야 한다. 상생이란 오행(五行)의 운행에서 금에서는 물이, 물에서는 나무가, 나무에서는 불이, 불에서는 흙이, 흙에서는 금이 남을 이르는 것이 아닌가.

그런데 무슨 놈의 달팽이가 뚱딴지같이 하늘을 난단 말인가. 뜬금없는 소리라 하겠지만 딴에는 의미가 심장하니, 첫째는 배태 시절에 받아 나온 집(껍데기)을 벗어던지고 공중을 나는 '탈바꿈'이 있어야 한다는 것이요, 둘째로는 실제로 달팽이뿐만 아니라 수많은 생물들이 사람의 등쌀에 못 이겨서 하늘나라(저승)로 사라지는 절멸종(絕滅種)이 늘어나고 있다는 경종의 의미도 들어있다 하겠다. 독불장군은 없는 것이니 언제나 서로 아끼며 살아가는 상생, 즉 모듬살이를 강조하고 있는 것이요, 또한 생물은 우리의 스승이라서 그들에게서 배워야 하니 '생물이 못 사는 세상'에서는 사람도 떼죽음을 당한다는

사실을 알자는 것이다. 인간들이여, 염치없이 친구를 죽이는 해작질
은 이제 그만할지어다.

　이 책에는 세균이라는 미생물의 세계에서부터 '우주'의 모두가 들
어있는 세포의 구조와 기능, 세포들이 모여서 된 기관의 역할, 현대
생물학, 동물과 식물의 모듬살이, 생물과 자연의 상생 관계, 우주선
안의 생물 이야기까지 어렵고 먼 것 같지만 알고 보면 살가운 존재
인 다양한 생물 이야기가 들어있다.

　끝으로 이 책의 삽화는 아들 민석과 제자 황정혜 양이 그렸는데,
두 사람 다 생물을 전공해서 삽화가 좀 색다르다는 평을 받고 있다.
아비가 글을 쓰고 자식들이 그린 책이라 더더욱 정이 간다.

1999년 2월 운봉(雲峰)

차 례

3부 인체의 모듬살이

4부 세균들의 항변

1부 인간과 자연에 대해 알고 있는 몇 가지

하늘을 나는 달팽이

달팽이는 침대를 죽어라고 사랑했다.
너무나 사랑한 나머지
침대를 아예 등에다 지고 다녔다.

나들이 할 때도,
일을 할 때도,
심지어 변소 길을 갈 때도
침대를 등에 지고 다녔다.

어느 날 달팽이는 밭 언덕에 나갔다가
너무도 가볍게 훨훨 날아다니는
나비를 보았다.

달팽이는 나비에게 물었다.
"나도 멀리, 그리고 높이 날고 싶다.
어떻게 하면 너처럼 될 수 있니?

방법을 말해다오."

나비가 대답했다.

"침대를 네 몸에서 떼어버려.

그러면 새롭게 탄생할 수 있을 거야."

달팽이는 몇 날 며칠을 고민했다.

"침대를 과감히 버리느냐, 고수하느냐."

그러나 달팽이는 침대가 주는 안락함을

도저히 포기할 수가 없었다.

(멀리, 높게 날고 싶었지만……)

달팽이는 오늘도 침대를 짊어진 채

좁은 밭고랑이나 기어다니며

살고 있다.

　작가가 누구인지도 모른 채 이 글을 스크랩해둔 것이다. 나비의 화려한 비상과 꼬드김이 있었건만 자신의 안락함을 포기하지 못해 하늘을 날지 못하는 달팽이의 꼴이 어찌 보면 꼭 변화를 두려워하는 우리의 모습 같기도 하다. 그러나 비록 '밭고랑이나 기어다니는' 초라한 모습으로 보이지만 "뱁새는 황새를 따르지 말아야 한다."라는 자기의 분수를 아는 수분지족(守分知足)의 교훈이 들어있어 좋다.

어쨌든 논과 밭에서 제집을 이고 기어가는 달팽이도 이제는 쉽게 볼 수 없게 되었다. 지구에서 사라져버리는 생물은 비단 달팽이뿐만이 아니다. 필자의 전공 분야인 조개나 고둥 무리인 패류(貝類)도 사라지기 직전의 '위기종'이 되었음은 물론이고 이미 우리나라 어디에서도 채집이 되지 않는 절멸종도 여럿 있다. 한강에만도 지천으로 널려 있던 한국 특산종인 두드럭조개만 해도 이제는 어디에서도 찾아볼 수 없게 되었다. 지금도 멸종된 여러 생물들이 저 높은 하늘에서 우리를 원망하며 그 영혼이 떠다니고 있을 것인데, 일일이 그 예를 다 들 수가 없을 정도로 많으니 이거야말로 죽살이치는 일이 아닌가. 이제는 더는 그들을 저 하늘로 날려보내지 말자. 자연을 사랑할 줄도 모르면서 어떻게 사람을 사랑할 수가 있겠는가.

이렇게 지구환경의 변화에 약한 동식물이 있는가 하면, 생명력이 고래 힘줄만큼이나 질긴 녀석들도 있어 엉뚱하게도 남의 나라까지 쳐들어가서 토종들을 누르고 활개를 치는 유입종도 많다. 세계를 무대로 하는 종들 중 연못이나 호수에 사는 식물로는 물옥잠, 동물로는 민물해파리가 으뜸으로, 세계 어느 곳이든 이들이 살지 않는 곳이 없다. 영어로는 'cosmopolitan species'라 부르면 되겠고, 굳이 번역을 한다면 '범세계종'이라 하겠다. 이들 외에도 여러 종류의 어류나 패류들이 있으니, 거기에는 인위적으로 도입한 것도 있고 황소개구리처럼 사육용으로 들여온 것이 가두리를 뛰쳐나가서 말썽을 부리는 놈도 있다.

이것들은 모두 높은 출산율에 기생력이 강하고 토종보다 더 빨리 적응하는데, 대부분이 배 밑바닥에 붙어서 갔거나 다른 화물을 따라간 것이다. 비유가 될지 모르겠지만 배에 실리거나 붙어간 놈이 '바다를 건너간 것'이라면 비행기로 가는 놈은 '하늘을 날아간 것'이 아니겠는가. 요즘은 과학 기술의 발달로 옛날에 비해서 지구가 상대적으로 작아져 물류의 속도가 빨라졌기에 생물들의 교류 속도 역시 예전과 다르다. 한마디로 '지구는 하나'라는 문화의 흐름 못지않게 생물들의 유입과 유출도 방대하고 다양해졌다. 생물들의 이동도 빠르게 일어나서 지구 생태계를 하루가 다르게 바꿔놓고 있으니 언필칭 '세계적인 변화'라 할 만하다.

그런데 우리는 외침(外侵)을 많이 받아서 그런지 문화나 생물의 '침입'에 과민한 반응을 보이는데, 태권도가 세계를 휩쓸듯이 우리 토종이 '외침(?)'을 하고 있는 경우도 많이 있다. 한 예로 미국의 서부 해안에는 우리 토종인 미더덕이 창궐하여 미국인들이 신경을 곤두세우고 있다고 한다. 1940년대에 배 바닥에 붙어서 샌프란시스코로 들어간 것인데, 지금은 해류를 타고 퍼져나가 그곳에 사는 사람들의 걱정이 태산이란다. 그들이 우리처럼 미더덕을 먹는다면 좀 덜할 텐데 먹지 않고 그대로 두니 더욱 그렇다. 세상은 힘센 놈의 차지니 우리 미더덕이 미국에 가서도 힘깨나 쓰고 있는 걸 가상타 해야 할지.

생물들은 동서양을 따지지 않고 환경만 알맞으면 어디서든 번식하니, 앞의 미더덕말고도 일본이나 한국에서 북미 대륙으로 들어간 종이 더러 있는데 역시나 그곳의 재래종을 몰아내고 있다고 한다. 1970년에 발표된 미국의 보고서에 따르면, 어류의 경우 관상용이나 식용 혹은 어딘가에 묻어서 들어간 우리의 잉어, 붕어, 미꾸라지, 문절망둑, 검정망둑 등 여러 종이 이제는 미국화되어서 우리의 것보다 훨씬 덩치도 크고 수도 많다고 한다. 둘러보면 미국의 강바닥을 휩쓸고 다니는 우리 토종 붕어나 잉어, 미꾸라지처럼 뉴욕이나 로스앤젤레스에도 끈질기고 지독한 한국인들이 뿌리를 내리고 살고 있다.

필자가 전공하는 패류 중에서도 그곳에 가서 역시 대단히 성공(?)한 것이 있는데, 그것이 바로 '재첩'이다. 북미 대륙의 어느 강이나 호수에 가도 그것을 만날 수가 있다고 하니 이놈도 알아줘야 한다. 재첩은 일본과 중국에도 사는 종인데 아마도 북미의 철도 건설에 동원된 중국인들이 식용과 오리 먹잇감으로 가져갔을 것으로 추측하고 있을 뿐 어떻게 건너갔는지도 잘 알지 못하고 있다.

세상이 뒤죽박죽이라 생물들도 국경을 가리지 않고 퍼져나가는데, 과연 우리는 이런 현상을 어떻게 해석해야 옳은 것일까. 지금부터 10여 년 전인 1988년에 미국의 오대호에 '얼룩무늬민물담치'가 처음으로 나타나서 그곳의 패류학자들을 잔뜩 긴장시킨 적이 있다. 동유럽이 원산인 이것은 미국으로 건너온 지 채 10년도 안 돼서 이미 오대호 전역과 북미 50개의 큰 호수는 물론이고 저 남쪽의 오하이오, 아칸사까지 퍼져나갔다. 민물담치의 유생(幼生)은 플랑크톤처럼 떠다니며 흐르는 강물을 따

라 쉽게 퍼져나가고, 족사(足絲)라는 실을 뻗어내어 배 밑바닥
에 붙어 멀리까지 퍼져나간 것이다.

이놈들이 나타났다 하면 강이나 호수의 밑바닥에 몇 겹의 떡
체를 이루니, 사촌 간인 저보다 수십 배나 큰 토종 조개들이 먹
이를 빼앗겨 죽어가고 떼 지어 다닥다닥 달라붙어 수로를 틀어
막아 절대 수량을 줄여서 발칙하게도 발전소의 모터를 태워버
렸다는 것이다.

하여 그들도 이 '해충'을 제거하기 위해 1억 2천만 달러라는
거액을 들여 물리·화학·생물학적인 방법을 다 동원해봤으나
사람의 힘으로는 어쩔 수 없다는 것을 깨닫고 자연 그 자체에
맡겨버렸다고 한다. 유럽의 호수나 강도 이들의 침공을 받아서
200여 년간 창궐하더니 이제는 그 수가 줄고 생태계가 안정(균
형)을 찾았다고 한다.

그런데 여기에서 이 민물담치의 긍정적인 구석도 발견되는
데 우선 눈에 띄는 것은 이것이 생기고 나서는 오대호의 물이
맑아졌다. 그래서 40년 만에 하루살이의 유충이 생겨났는가 하
면 철새인 오리 무리가 전보다 더 많이 날아들고 또 오래 머문
다는 것이다.

사실 이 세상에는 절대로 해만 주는 생물은 없는 법이다. '어
머니 자연'이 이들을 받아들였으니 그를 믿고 새로운 이웃과
어떻게 어울려 사는가를 배워야 하는데, 저 황소개구리나 여러
유입종들이 아무리 마뜩찮아도 우리의 이웃, 친구로 받아들여
야 하지 않을까. 돈을 쳐들여서 씨를 말리겠다는 헛수고는 그

간의 시행착오로도 충분하지 않은가. 우리의 미더덕, 붕어, 잉어, 미꾸리, 재첩도 다른 나라에서 그렇게 살고 있듯 말이다.

몰라서 그렇지 또 다른 우리의 것이 다른 나라에 가서 살고 있는지도 모른다. 생물은 본디 국경이 없기에 스스럼없이 '종의 이동'을 하고 있는 것이 아니겠는가. 사람들만 공연스레 야단을 떨 뿐이다.

세균에서 태어난 사람

　우리가 살고 있는 이 지구는 무려 45억 년 전에 태양에서 떨어져나와 식어서 만들어졌다 하고, 대략 35억 년 전에 지구에 처음으로 생명이 탄생하였다고 한다. 물론 이것은 '과학'이라는 세계에서 말하는 것으로, '종교'에서 주장하는 것과는 판이하게 다르다. 여기에서는 과학 나부랭이가 지껄이는 허튼소리를 옮겨놓은 것이니 영혼을 대상으로 하는 '신학'에서는 이를 무시하고 괘념치 말 것인데, 지피지기 백전불태의 마음으로 알아두는 것도 그리 나쁘지는 않을 성싶다.

　그러면 태양에서 떨어져나왔을 때 지구의 모습은 어떠했을까. 그때 지구는 쉼 없이 별똥별들을 퉁겼고, 자전 속도가 매우 빨라서 하루가 지금보다 짧은 18시간이었으며, 하늘에는 지금의 별들처럼 해가 흐릿하게 보였고 땅은 없고 단지 화산암이 바다 위로 조금씩 솟아나기 시작해 용암 흐르는 소리와 바람소리만이 지구의 존재를 알렸을 뿐이었다.

　바이러스도 세균도 없었던 그런 황량하기 짝이 없는 땅에 생명체는 재빠르게 나타나서 상상도 못할 빠른 속도로 생멸(生滅)

이라는 진화를 하여 숲이 서고 강이 흐르며 바닷물이 출렁거리는 지금의 지구에 이르게 되었다.

세계 학자들은 매우 뜨거운 온도에도 잘 견디는 세균 무리가 지구의 첫 생명이었고, 이들은 바다에서 출현했으며 빛에너지를 쓰는 광합성을 하지 못하고 열에너지를 이용하는 화학합성을 했을 것이라는 데 동의하고 있다. 그러나 여러 가지 추리를 했을 때 지구 자체에서 생명체가 생길 수가 없고 다른 운석에서 묻어온 것이라는 '운석설'을 주창하는 학자들도 있다. 화성탐사선인 랜더가 만일에 화성에서 생명체를 발견한다면 그런 설을 믿는 사람들의 손을 들어주는 결과가 될 수도 있을 것이다.

생명을 받을 때 죽음도 같이 받는다고 사람이 제아무리 오래 살망정 3만 6000일을 못 사는데 몇십억 년 전의 일을 논한다는 것이 아이러니하지만, 그래도 호기심 덩어리인 인간들은 이것저것 따지고 있으니 한편으로는 가소롭기만 하다.

'사람의 몸에는 하등한 특징(진화의 흔적)이 여럿 남아 있다'고 하면 아마도 독자들은 믿지 않을지 모르나, 실제로 따져보면 그런 점을 발견할 수 있다. 기관지, 난자를 이동시키는 수란관에는 섬모충류인 짚신벌레나 가지고 있는 섬모가 나 있고, 씨앗인 정자는 세균이나 편모충류들이 갖고 있는 편모로 이동을 하며, 백혈구는 아메바처럼 세포를 마음대로 변형시켜 기어다니면서 세균을 잡아먹고, 한때는 하나의 세균이었던 미토콘드리아를 내포하고 있어서 이것이 우리 몸에 열과 에너지를 내도록 하고 있다.

한데 미토콘드리아는 처음부터 고등세포에 속했던 것이 아니라 대략 20억 년 전에 산소를 필요로 하는 단세포인 호기성(好氣性) 세균이 다른 핵을 가지고 있는 유핵세포(숙주세포)에 들어가서 공생을 하면서 그리된 것이다. 그래서 이것은 사람의 세포에서도 통제소에 해당하는 핵의 지배를 거의 받지 않고 독립적으로 대사를 하고, 분열도 제 마음대로 한다. 덧붙여서 녹색식물의 엽록체도 이것과 마찬가지로 세포의 진화과정에서 광합성 능력을 가지고 있는 단세포 남조류가 고등세포에 들어가서 같이 지내고 있는 것이다. 한마디로 동식물 세포가 다같이 바뀜이라는 진화를 했음을 알 수 있다.

어쨌거나 사람의 몸에도 여러 가지 진화의 '화석'이 남아있는데, 퇴화기관인 맹장이나 귓바퀴를 움직이게 하는 동이근(動耳筋), 눈의 순막(瞬膜) 등이 있다. 또한 산소가 있어야 미토콘드리아에서 열과 에너지(ATP)를 내는 것인데 근육에서는 산소가 없어도 에너지를 발산하는 하등한 생물의 특징인 무기호흡(근육의 해당작용)을 하니 이것 또한 진화를 설명하는 단서가 된다.

생물은 '수리수리 마수리'로 눈 깜짝할 사이에 어떤 주력이 들어가서 생기는 것이 아니고 차근차근 단계를 밟아 생긴 것으로 본다. 제일 처음에는 핵산인 RNA가 만들어지고 다음에는 DNA, 아미노산, 단백질의 순서로 만들어졌는데, 40억 년 전에 RNA가, 39억 년 전에 간단한 세포가, 또 20억 년 전에 복잡한 세포가 탄생하여 처음에는 세균과 같은 무핵세포가 만들어지고, 산소가 생긴 후에야 유핵세포가 만들어졌다고 한다. 사람의 첫 조상은 400만 년 전에, 현대인의 조상은 10만 년 전에 탄생했다고 보면 그들이 얼마나 이 지구에 일찍 온 터줏대감인가를 알 수 있다.

생물들은 특성이 다양해서 얼음 속에서 잘 사는 놈이 있는가 하면 유황 온천같이 물이 부글부글 끓는 데서만 사는 유황세균도 있다. 그런데 달걀 썩는 냄새가 나게 하는 바로 이 유황세균이 탄생의 기원이 되는 원시생물로, 그곳이 지구의 초기 상태와 비슷하다는 것이다. 이와 비슷한 환경이 지금도 바다 밑에 있어서 용암과 가스가 분출되고, 주변에는 화학합성을 하는 세균이 있으며, 이 세균들이 조개나 다른 무척추동물에 들어가 공생을 하는 예도 있다.

그동안 원시 생물을 만들어보겠다는 사람들이 많이 있었다. 그중에서도 밀러(Miller)의 아미노산 합성 실험이 유명한데, 밀러는 초기 지구 상태와 유사한 조건을 만들어봤다고 한다. 즉 유리관에 원시 대기 상태와 비슷하게 수소, 암모니아, 메탄가스를 넣고 10만 볼트의 전기(천둥, 번개가 쳤을 것이라고 생각해서)를 통하게 하고, 플라스크 아래에는 바다의 조건으로 물을 집어넣어 하룻밤을 기다렸더니 물이 노랗게 변했다는 것이다. 이것은 여러 종류의 아미노산이 만들어진 결과로, 생명의 시작을 암시하는 귀한 실험이다. 그러나 아직까지 누구도 물질대사를 하는 세포는 만들지 못하고 있다.

그런데 밀러의 실험에서 보듯이 초기의 지구 대기에는 산소가 없었다. 그것이 없이는 한시도 못 산다는 산소가 아닌가. 엽록체로 광합성을 하기 시작한 것이 25억 년 전인데, 이때 나오는 산소가 대기를 가득 채우는 데는 무려 10억 년이 걸렸고 그 이후에야 다세포생물이 등장했다고 한다.

산소의 탄생은 지구의 생물계를 완전히 바꾸는 전기가 되어, 무기호흡을 하던 생물을 누르고 유기호흡을 하는 것들이 지구를 지배하기 시작했다. 그리고 약 5억 년 전에 광합성 기술을 습득한 고등 녹색식물들은 지구에 그것을 먹고 사는 초식동물을 등장시켰고, 잇달아 육식동물이 생겨나 덕분에 우리 인간도 지구에 출현하기에 이른 것이다. 참 어렵사리 탄생한 어머니 지구가 아니겠는가.

지금까지 이야기는 모두 가짜일 수 있는 가설에 따른 것이니, 우리는 제 뿌리도 제대로 모르는 바보들인 셈이다. 탄생 뒤에는 죽음이 온다고 하니 정녕 언젠가는 지구가 우주에서 사라질 날이 올지도 모를 일이다.

치질에 걸리는 유일한 동물

사회학에서는 사람의 특징으로 불을 사용하고, 문자를 갖고 있으며, 말을 한다는 식으로 정의한다. 틀림없는 사실이다. 문자가 있어 기록을 남기고 후손이 그것을 보고 보태어 문화의 진보를 가져온 것은 어느 동물에서도 볼 수 없다. 사람이 아닌 동물들은 기록을 남길 수 없기 때문에 2000년 전의 늑대나 지금의 늑대나 살아가는 행태에는 조금도 차이가 없다. 이런 점에서 기록의 의미를 재삼 평가하게 되니, 우리 모두는 기록하여 남기는 습관을 가져야 할 것이다.

총명불여둔필(聰明不如鈍筆)이라고, 아무리 총명해도 둔필로 써두는 것만 못하다고 했다. 필자가 이 글을 쓰고 있는 깊은 바탕에는 그런 생각도 숨어있다. 후손들에게 이 글을 읽게 하여 삶의 지혜를 얻도록 하려 함이다.

본론으로 들어가서, 사람의 생물학적 특징은 어떤 것이고 그것이 인류 발전에 어떤 일을 했는가를 보도록 하자. 린네는 사람의 이름을 호모 사피엔스[*Homo sapiens*]로 붙였는데, 라틴어로 이렇게 표시하는 것을 학명이라고 하며, 학명은 이탤릭체로 쓰거나 밑에 밑줄을 그어 학명임을 표시한다. 현대인의 학명은 호모 사피엔스 사피엔스[*Homo sapiens sapiens*]인데, 라틴어의 *Homo*는 '영장류'라는 뜻이고 *sapiens*는 '영리하다', '지혜롭다'는 뜻으로, '영장류 중에서도 매우 영리한' 동물이 사람이다. 린네가 처음으로 사람의 학명을 만들었을 때의 의미를 분석해보면 사람도 동물이란 의미가 들어있고, 사람의 가장 큰 장점을 역시 지혜에 뒀다는 점이 돋보인다.

이 지구에는 노란색, 흰색, 검은색, 붉은색 등의 피부색을 가진 사람들이 살고 있다. 식물에서는 같은 종이면서 서로 조금씩 다르면 품종이란 말을 써서 구분한다. 벼[*Oryza sativa*]라는 종 속에 통일벼, 아끼바리 등의 '품종'이 있듯이, 사람이라는 하나의 종 속에는 식물의 품종에 해당하는 '인종'이 있다. 인종은 크게 보아 한국인이 속한 몽고로이드(Mongoloid), 아프리카 원산 니그로이드(Negroid), 중앙아시아계 코카소이드(Caucasoid), 아프리카계의 부시먼(Bushman), 호주계의 오스트라로이드(Australoid), 동남아계의 폴리네시안(Polynesian)으로 나눈다. 이들 인종 사이에서는 서로 결혼하여 아이를 낳을 수 있기 때문에 확실히 같은 종이다. 같은 인종 사이에서도 피부색·몸집·신체 구조·뼈의 개수까지도 다를 수 있지만, 그래도 인간은 다른 동물과 매우 다른 점을 공통으로 가지고 있다. 가장 큰 차이는 두 다리로 서서 걸어다닌다는 것이다.

사람의 조상은 다른 영장류처럼 나무 위에서 생활을 했다는 가설이 있다. 어린아이들이 그네 타기나 나무에 기어오르기를 좋아하기 때문에 초등학교 운동장의 놀이 기구들은 모두 기어 오르고 매달리는 것들인데, 그들은 아직도 열대우림의 숲을 잊지 못하는가 보다. 그렇게 울창하던 숲이 기후의 변화로 초원 지대로 바뀌자 먹이를 구하러 멀리 나가야 했고, 먹이를 많이 가져오기 위해서 두 팔을 사용해야 했으며, 사나운 다른 동물들에게 잡아먹히지 않기 위해 빠르게 걷고 뛰다 보니 서게 되었다는 것이다. 설득력이 없어 보이지만, 어쨌든 환경에 적응하는 과정에서 두 다리로 뛰는 놈은 살아남고 그렇지 못한 놈은 죽는 자연도태가 있었다고 보는 것이다. 태어난 아이가 방을 기어다니다가 일어서서 걷기까지 얼마나 많이 넘어지고 일어섰던가. 그렇게 어려운 시련을 이겨 직립하게 되었다고 상상하면 되겠다. 하지만 만약 사람이 계속 네 다리로 기어다녔다면 치질은 물론이고 허리병인 디스크도 없었을 것이고 발가락에 티눈도 생기지 않았을 텐데…….

사람은 진화할수록 두개골 양이 증가하여 다른 동물에 비해서 '체중 대비 뇌용량'의 비가 대단히 크다. 일반적으로 머리가 클수록 지능이 높다는 통계도 있다. 또 아이의 머리 모양을 예쁘게 만든다고 엎어 재우는 것이 한때 유행하기도 했는데, 그래서인지 요즘 아이들의 머리는 앞뒤 짱구가 많다. 그러나 엎어서 재우면 질식사 등의 사고가 날 가능성이 크므로 지금은 미국에서도 바로 눕혀 키우는 것을 권하고 있다.

인간과 다른 동물의 제일 큰 차이는 바로 이 뇌의 굴림이 다르다는 데 있다. 물론 같은 사람 사이에도 머리가 무지하게 좋은 놈, 중간 가는 놈, 나쁜 놈 등으로 차이가 있지만 말이다. 지능이라는 것도 유전하는데, 아버지 쪽보다는 어머니 쪽이 훨씬 우세하게 작용한다. 난자와 정자가 수정하여 어머니 아기집에서 어머니의 모든 것을 받아 평균 3.4킬로그램이 되어 태어난다. 거의가 모계성 유전을 한다는 점에 유의하여 어머니들은 꾸준히 독서(사람만이 하는 행위이다)하여 자신의 지능 계발에 정진해야 한다. 사랑하는 자식을 위해 읽고 또 읽는 것이다. "독서하지 않는 사람은 개와 같은 동물이다."라는 말에 반론을 제기할 사람은 없을 것이다. 석 줄 위의 괄호 속을 보라.

손놀림 역시 사람에게 가장 발달되어있어, 일반적으로 손놀림과 뇌의 지능은 함수관계를 가지고 있다. 지능검사에도 이런 것이 나온다. 검사를 지도하는 선생이 '시작' 하면 학생들은 연필로 검사지 위에 빠르게 점을 콕콕 찍는다. 정해진 시간에 점을 많이 찍으면 IQ가 높게 나오는 지능검사 방법이다. 인간의 '손이 가지 않는' 곳이 어디 있는가. 정밀한 기계도, 성형수술도 모두 손으로 조작한다. 모든 문화는 머리가 생각하고 손이 완성한 것이라고 해도 과언은 아니다.

요즘 '젓가락 문화'에 대한 이야기가 많이 나오는데, 2000년대는 태평양 시대라고들 한다. 이 지역은 모두 젓가락을 쓰는 문화권이자 한자 문화권이요, 유교 문화권이기도 하다. 그런데 김치를 싫어한다는 기사와 함께 아이들이 '서양 쇠스랑(포크)'으로 밥을 먹는단다. 이상한 데서 세계화된 부모들이 국적 없는 아이들을 만들고 있는 것이다. 손을 빠르게, 정밀하게 놀리도록 해줘야 지능이 발달한다. 젓가락으로 콩알을 집을 때 눈의 초점은 콩알 하나에 모이고, 뇌도 손도 긴장하고 조화를 이룬다. 오른손잡이는 왼손으로 집어보고 왼손잡이는 오른손으로 집어보라. 머리 훈련에 이보다 더 좋은 방법이 어디 있겠는가. 손을 놀리는 것은 곧 머리를 놀리는 것이다.

　이렇게 사람이 동물과 다른 점을 쭉 써놓고 보니, 역시나 사람은 참으로 대단한 존재구나 싶어 조물주가 필자를 사람으로 태어나게 해준 것이 새삼 고맙다. 호모 사피엔스 사피엔스 만세, 만만세!

우주선 속에서 벌어지는 일

오래 전 필자가 미국에서 살 때의 일이다. 미국에 도착한 지 3일째 되는 날, 필자는 더는 참지 못하고 제자를 불러내기에 이르렀다. 전화통에 대고 "야, 중섭아, 빨리 좀 나와라. 내가 사흘 동안 우리말을 못했더니 미치겠다. 빨리 나와라." 하며 박사 공부하느라 바쁜 제자를 불러냈다. 이렇게 필자는 막힌 공간에서 고독감은 물론이고 우리말을 못해서 심한 병적인 상태에 놓여 본 경험이 있다.

그런데 어떻게 소련의 폴리아코프는 비좁은 쇠통 미르(Mir) 우주선 속에서 438일이라는 긴긴 날을 모질게 견뎌 우주선 체류 세계 최장 기록을 세울 수가 있었을까. 중력이 거의 없는 곳이라 오래 있으면 근육이 흐물흐물 탄력을 잃고, 뼈도 칼슘이 다 빠져나가 심한 골다공증에 시달리는데 말이다. 이렇게 무서운 조건 속에서 긴 시간을 보낸 것을 보면 폴리아코프는 예사로운 사람이 아닌 듯하다. 독자들도 이 기회에 집 떠난 길손 우주인이 되어서 여러 가지를 같이 보고 경험해보자.

무중력상태인 우주선 속은 공기의 대류가 없어서 지구에서

처럼 더운 공기나 액체가 위로 가고 찬 것이 아래로 내려가는 일이 없다. 그래서 물질의 확산 속도가 매우 느리며, 촛불을 켜 놔도 열의 전도가 없고 산소 공급이 느려서 10분이면 탈 것이 45분이나 걸리고, 불빛도 붉기보다는 푸르스름하다. 우주선 속 에서는 힘을 주지 않아도 몸이 꼭 물 위에 떠있는 듯한 기분이 라는데, 조금만 힘을 주어도 미끄러져서 방향감각을 잃게 되고 심하게 힘을 주면 탁구공처럼 뱅그르르 돈다고 하니, 한마디로 위아래가 없는 곳이 그곳이다.

지구에는 인력이 있어서 모든 것이 아래로 떨어지는데, 그곳 에서는 물도 접착력을 잃어서 물방울이 제 마음대로 떠다닌다 고 하니 훈련을 받아 거기에 익숙한 우주인들도 가끔은 혼란에 빠진다고 한다. 무엇보다 얼마 동안은 두통에 시달려 집중력이 떨어지고 입맛을 잃으며 위가 뒤틀리고 구역질까지 난다고 한 다. 게다가 얼굴은 부어오르고 눈은 튀어나오고……. 미지의 세 계를 탐험하려는 호기심과 또 정복하려는 본능은 유독 인간만 이 가지고 있어서 달에서 시작해 화성등 여러 별의 신비를 캐 는 일이 끊임없이 계속되고 있다. 우주선 안에서는 여러 가지 과학 실험을 시도하는데, 여기에서는 메추리 알의 발생과 밀의 성장에 관련된 실험 내용을 소개하려고 한다. 일본 메추리의 수정란 30개를 부란기(incubator)에서 부화시켜봤더니 13퍼센트 (지구에서보다 4배나 더 많다)나 부화가 되지 않았다고 하는데, 부란기의 온도가 조금 높았고 무엇보다 강한 방사선의 영향이 아닌가 보고 있다. 우주선에서 나오는 방사선 양은 몇 년을 머물러도 사람에게 피부암을 일으킬 정도는 아니지만(하루에 8번 엑스선 사진을 찍을 때 받는 양에 해당하며, 지구의 10배나 된다) 발생 중인 생물에게는 치명적일 것이라 추측하고 있다.

식물로는 수확 기간이 짧은 난쟁이밀 씨를 심어봤다는데, 이것은 나중에 기나긴 우주여행을 할 때 필요한 산소와 식량을 얻기 위한 예비 연구였다. 우주선에 있는 산소 발생기로 계속 밀 씨에 산소를 공급하고 컴퓨터로 햇빛·습도 등을 조절하여 재배했는데, 밀은 잘 자라서 40일 후에는 줄기 끝에 밀알이 열렸고 몇 달이 지나 3백 개의 밀 씨를 받았다고 한다. 그러나 애석하게도 모두 쭉정이였다고 한다. 식물의 성장, 개화, 결실에는 여러 가지 식물호르몬이 관여하는데, 그중에서도 에틸렌(ethylene) 성분의 농도가 낮아서 그런 것으로 알려졌다.

위의 두 가지 생물 실험에서 보았듯이 중력이 없는 곳에서는 동식물의 발생과 성장이 정상이 아닌 것처럼 그곳에 오래 머문 사람에게도 많은 생리적인 변화가 일어났을 것이다. 우주선에서 살다 보면 보통 사람의 경우에 키가 무려 5센티미터 이상이 큰다고 하니 이것만도 보통 일이 아니다. 몸을 누르는 압력이 없으니 뼈와 근육이 늘어나서 키다리가 되고, 풍선처럼 가슴이 부풀어올라 심장과 허파가 늘어나고 내장이 밀려나오는 듯한 것이 무중력상태에서 일어나는 반응 중 하나다. 반병신을 만드는 우주선은 역시 사람 살 곳이 못 된다.

사실 사람은 누구나 280여 일을 어머니의 아기집 양수 속에서 우주선과 유사한 무중력에 가까운 상태에서 생활한다. 그래도 그 안에는 중력이 조금은 작용해 무거운 머리를 아래로 두는데, 그 중력이 미미하여 머리가 위로 세워진 '거꾸리'도 가끔 있다.

좀더 구체적으로 우주선 생활의 어려움을 보도록 하자. 무엇보다 방향감각과 회전감각이 둔해진다. 사람의 속귀에는 아래위를 구별하는 이석(耳石)이 들어있는 전정기관과 좌우의 감각을 느끼는 세반고리관이 있는데, 중력이 없는 곳에서는 이것들의 기능이 완전히 마비되어버린다. 지구에서는 눈과 속귀에 든 이것들이 합동으로 몸을 세우고 누이고 돌리고 했는데 그곳에서는 단지 눈 하나만으로 하자니 거꾸로 떠있어도 바로 있는 것 같은 느낌이 든다. 실제로 눈과 귀말고도 근육이나 관절, 힘줄, 발바닥도 자세를 바로잡는 감각기능을 하는데, 무중력상태에서는 역시 이들의 기능도 마비된다.

그리고 팔다리에 중력이 없어서 근육은 수축과 이완을 할 필요가 없는, 한없이 편한 곳이 우주선인 셈이다. 때문에 근육은 무력증(無力症)에 빠지고 몸을 곧추세울 필요도 없으니 뼈는 있으나마나다. 뼈는 99퍼센트가 칼슘으로 되어있어 보통 때는 칼슘 보관창고 역할도 하는데, 무중력상태에서는 한 달에 1퍼센트 정도씩 녹아 소변으로 빠져나가니 뼈가 약해질 대로 약해진다. 그래서 콩팥에 요석이 생기고 조직에 석회화가 일어나는 것이다. 뼈나 근육말고도 허파의 공기 흐름이 바뀌고, 면역성이 떨어지며, 불면에 시달리고, 감방 같은 생활이라 심리적인 고통 또한 무척 심하다고 한다.

하지만 사람의 몸은 적응력이 강해서 지구로 돌아온 후 몇 주만 지나면 모든 신체 반응이 정상으로 되돌아온다고 하는데, 근육과 뼈는 완전히 회복되지 못해 뼈가 쉽게 부러진다고 한다. 한마디로 오랜 기간 병원 생활을 한 후나 늙으면서 생기는 일종의 노화 증상과 유사한 반응이 일어나는 것이다.

무중력상태에서는 신체적으로 바뀌지 않는 것이 없어서 입맛부터 냄새 맡기까지 변한다고 한다. 시속 2천7백 킬로미터로 달리는 우주선의 속도는 느끼지 못하지만, 정해진 시간에 자명종 소리를 듣고 일어나고, 하루에 세 번씩 튜브를 쥐어짜서 양념을 뽑아내고 바싹 마른 탈수된 가루밥을 뜨거운 물과 섞어 먹는 등 매일 정해진 일을 다람쥐 쳇바퀴 돌듯 해야 하니, 한마디로 지루하고 짜증이 날 만하다. 침낭은 기둥에 묶어두는데, 그 속에 들어가 잠을 잘 때까지 음악도 듣고 책도 읽고 지구의 가족에게 편지도 쓴다지만 길고 단조로운 객지살이의 고독을 삭힐 길이 없다. 보통 사람으로는 어림도 없는 일들을 그들은 잘도 해낸다.

사람은 사람을 만나 이야기를 나눠야 하는데 문화와 언어가 다른 여러 나라 사람들이 뒤섞여있으니, 이것 또한 죽을 맛이라고 한다. 각오를 하고 우주선에 올랐지만 인내에도 한계가 있어서 심리적으로도 거의 병적인 상태에 이른다고 한다. 하기야 교도소 생활 3년에 한 친구는 시인이 되어 나왔는데 다른 친구는 미쳐서 나왔다고 하니, 역시 모든 것은 마음먹기에 달렸다.

그런데 우주인들은 대소변을 어떻게 처리하는지가 무척 궁금할 것 같은데, 모은 대소변은 물론이고 쓰레기도 지구로 돌아올 때 다 태워버린다. 혹시나 무중력상태에서 돌연변이를 일으킨 변종 세균이나 곰팡이가 지구를 오염시키는 것을 예방하기 위함이다.

10년이 훨씬 넘게 지구를 돌고 있는 소련의 미르호는 벌써 여러 번 고장나서 미르호에는 이상이 생기면 탈출용으로 사용할 작은 위성 소유즈호가 붙어있다.

그런데 얼마 전 놀랍게도 77세의 글렌이 또다시 우주선을 타고 다녀왔다. 늙은이가 무중력상태에서 어떻게 견디는지를 알아볼 수 있어서 커다란 도움이 됐다고 한다. 어쨌거나 저 서양 사람들의 과학성과 용감한 도전 정신 하나는 배울 만하다. 또 새로운 것을 만나도 피하지 않고 빨리 익혀버리는 저네들의 당찬 자세도 배워야 하겠다.

비밀스러운 성의 묘약, 비아그라

역시 사람은 오래 살고 볼 일인가 싶다. 늙다리 노인도 알약 하나면 거뜬히 사랑을 하는 세상이고 보니 하는 말이다. 마흔아홉에 죽었다는 진시왕이 찾던 불사약도 알고 보면 '환상의 알약'이니 '신비의 약'이라는 비아그라가 아니었겠는가. 푸르스름한 마름모꼴의 이것이 무기는 가졌으나 총알이 없어 광 구석에서 녹슬어가던 총기들에 불을 댕긴다고 하니 대단한 약임엔 틀림없다. 미국만 해도 '고개 숙인 남자'가 40대는 20명에 1명이요, 65세가 넘으면 4명에 1명 꼴이라 하니, 정말로 그들에게는 구세주가 아닐 수 없다.

남성의 이런 심리적인 배경은 다음에 논하기로 하고, 발기부전증의 원인은 무엇이며 비아그라는 어떤 기작으로 남성의 고개를 치켜들게 하는가부터 보자.

보고 듣고 만지고 냄새를 맡아 오감이 발동하면 그 감각을 대뇌가 일단 받아서 바로 아래에 있는 간뇌에 소식을 보내주고, 자율신경 조절중추인 이 시상하부는 그 신호를 음경에 전하게 된다. 그러면 음경의 발기조직(해면조직)에서 그 신호를 받아 성욕이 일어나게 된다. 자극을 받아도 반응이 없는 증상을 부전증이라 하는데 영어로는 임포텐스(impotence)라 하고 줄여서 임포(impo)라고도 한다.

음경이 곧추서는 기작은 알고 보면 간단해서, 음경으로 들어오는 동맥이 열리고 나가는 정맥이 닫혀서 그 결과 피가 해면 조직을 채워 빳빳하게 굳어지는 것이 발기다. 사람은 이렇게 발기해서 궁합을 맞추지만 개나 물개 같은 동물은 음경에 뼈가 들어있어 이런 약이 필요 없다. 음경말고도 심장, 음핵에도 뼈가 들어있는데 이를 이소골이라 한다.

임포인 사람은 어떤 이유로 정맥이 닫히지 못해 들어오는 피의 양과 나가는 피의 양이 같아서 조직에 피가 머물지 못하는 것이다. 그런데 새벽녘에 방광에 소변이 차거나 대변이 직장에 쌓이면 역시 정맥이 눌려 유출에 지장을 받아 음경 발기가 일어나는 것도 같은 기작인데, 이런 반응이 있는 사람은 생리적인 임포는 아니다.

이런 사람은 심리적인 원인도 있지만 많은 경우는 당뇨병이나 심장병 또는 암 등의 신체적인 이상이 있음을 알아야 한다. 이런 사람이 비아그라를 먹고 다니다 힘이 쇠진하면 병이 크게 도지고, 때로는 생명을 잃는다는 것도 유념해둬야 할 일이다. 필자와 가까운 주책바가지 한 노인도 그러다가 제명을 다 못 채우고 저승으로 직행하고 말았다.

성기의 발기에는 자극이 있어야 한다고 했다. 정상인의 경우 간뇌에서 성욕 신호를 음경이 받으면 해면조직의 세포에서는 환상 지엠피(cyclic GMP, 줄여서 cGMP로 쓴다)라는 화학물질이 만들어져서 이것이 동맥을 확장시키고 정맥은 꽉 닫게 하여 음경이 팽창되고 발기된다. 그런데 이 화학물질이 파괴되지도 않고 계속 분비된다면 어떻게 되겠는가.

때문에 정상적인 경우에는 일정한 시간이 지나면 cGMP를 분해하는 효소가 작용하여 cGMP가 분해되고 피의 유입·유출이 평형을 이루므로 원상태로 복귀되어 다시 칼집에 무기가 들어가게 된다. 그 효소와 밀접한 연관이 있는 것이 포스포디에스터라제 5형(Phosphodiesterase type5, 줄여서 PDE5라 쓴다)인데 이것은 항상 조직에 존재한다.

이제 구체적이고 생리적인 임포의 원인을 결론지었고 비아그라의 기능도 이해하게 되었다. 발기부전증인 사람의 경우는 PDE5 효소가 cGMP를 생기는 대로 파괴해버려 결국 혈관의 이완과 수축이 조절되지 못한다. 효소 하나가 사람을 웃고 울게 까탈을 부리는 것이다.

그렇다면 PDE5 효소를 억제하는 물질만 있으면 cGMP가 파괴되지 않고 혈관 조절이 가능하여 발기가 된다는 말이다. 이것에 착안한 것이 비아그라인데 쉽게 말해서 비아그라는 PDE5 효소 억제물질이다. 그것을 만든 제약회사 화이자(Pfizer)는 때돈을 벌게 되었고 나중에는 피임약보다 더 많이 팔릴 것이라고 하는데, 벌써 그 회사의 주가가 60퍼센트나 뛰어올랐다고 한다.

PDE5라는 단백질 물질인 효소 한 가지가 그렇게 뭇 사내들의 기를 죽여왔다니 우습기만 하다. 아무튼 외국 만화를 보니 영화 「타이타닉」이 상영되는 영화관보다 약국 앞에 더 많은 사람들이 줄을 서있고, "이것이 당신의 사랑이에요, 아니면 알약의 사랑이에요?"라고 침대 위에서 부부가 대화를 나눈다.

미국에서는 한 알에 10달러 하는 이것이 우리나라 암시장에서는 세 배 이상의 가격으로 거래된다니 그 위력이 대단하다. 근래에는 가짜까지 판을 친다고 한다. 혹시나 해서 하는 말인데, 정상 남자들도 솔깃해할 그것이 성욕을 촉진하는 효과는 전혀 없다고 하니 과욕을 부리지 말 것이요, 환자용 약을 정상인이 먹으면 도리어 뒤탈이 난다는 것도 알아야 한다. "여인과 돈과 술에는 즐거움과 독이 있다."라는 프랑스 속담이 떠오르는 대목이다.

어쨌거나 비아그라라는 새로운 단어가 탄생했고 이것이 전 세계 남성들의 가슴을 뒤흔들어 야생동물들이 살판이 났다. 몸에 좋다고 하여 그동안 잡아먹히던 지렁이도 뱀도 고라니도 한숨 돌리게 됐다는 것이다. 해마 가루, 사슴뿔 값도 떨어지겠고, 인삼 값도 폭락하게 생겼다. '세기의 명약' 비아그라님이 계시니까.

한데 약치고 부작용이 없는 것이 없으니, 아무리 3년 넘게 임상실험을 했다지만 비아그라에도 문제는 많다. 그 약을 먹고 노인이 고개를 치켜들고 '마누라 너 필요 없다.' 하고 가출을 하기도 한다지만 한쪽에서는 부작용으로 죽어나가는 사람도 있으니 말이다. 분명한 사실은 수백만 명이 먹어서 몇 명 죽는다고 해서 남자들이 겁나서 안 먹지는 않을 것이라는 점이다. '역사를 바꾼' 약인데 다들 죽음을 무릅쓰고 끝까지 먹을 것이다. 왜? 전쟁에는 언제나 다수의 사상자가 따르는 법이니까.

구체적인 부작용을 보면 두통에 속이 메스껍고 얼굴이 벌겋게 달아오르고 혈압이 내려가고 눈이 흐려지며 물체가 시퍼렇게 또는 연두색으로 보이는 증세가 나타난다고 한다. 사람의 눈에는 음경에 있는 효소(PDE5)와 유사한 것이 있어서 이런 이상이 생긴다고 하는데 심장이 약한 사람은 더욱 위험하다고 한다. 사실 성교할 때 심장 박동이 보통 때의 두 배로 뛰기 때문에 심장에 충격이 많이 가고, '복상사'라는 것도 이와 유사한 심장마비에서 온다.

그런데 정상인의 경우에는 나이를 먹어도 성생활을 규칙적으로 하므로 심장 단련도 되고 혈액순환도 촉진되어 결국은 그것이 장수에까지 연결되는 것이다. 비아그라도 결국은 인류의 장수를 불러올 것이라는 결론인데 이것은 약의 밝은 면을 강조한 것이다.

여기에 또 하나 고려할 것은 비아그라는 절대로 치료제가 아니라는 것으로, 필요에 따라서(1시간 전에) 언제나 먹어야 한다는 약 의존성에 빠진다는 것이다. 그리고 사람에 따라서는 이약을 먹은 다음에 4시간 이상 발기된다고 하는데, 이를 지속성 음경발기증이라 한다. 이것도 큰 문제로 피의 흐름이 오랫동안 정지된 상태라 음경조직에 신선한 산소와 양분이 공급되지 못하여 조직이 상할 수가 있으니 이런 경우는 병원에 가서 혈관수축제 주사를 맞아야 한다. 총 몇 방 쏘려다 총기 자체가 박살

나게 된다니 위험천만한 모험이 아닐 수 없다. 게다가 장기간 복용할 때 오는 뒤탈도 무시하지 못한다.

그런데 알고 보면 비아그라를 찾는 것보다 더 근원적으로 해결할 일이 우리 주변에 널려있으니 바로 환경이라는 문제다. 인간들은 저 혼자 잘 먹고 잘살겠다고 살충제나 제초제를 만들어 온 사방에 뿌리고 있다.

농작물을 심어놓고 보면 여기에 달려드는 것이 벌레와 잡초가 아니던가. 뭇 벌레들이 뜯어먹고, 세균이나 바이러스까지 동참하여 곡식을 녹여 먹고, 또 땅바닥을 내려다보면 잡초들이 물과 거름을 다 빨아먹어 사면초가가 된다. 그냥 뒀다가는 내 먹을 게 없다 보니 그것들을 죽이는 농약에 풀 죽이는 약까지 만들어 사정없이 뿌려댄다. 한마디로 인간의 적은 곤충과 잡초로, 그것들을 죽이는 화학탄을 논밭은 물론이고 과수원에까지도 마구 뿌린다.

그러다 보니 이제는 그 화학물질이 되돌아와서 도리어 사람을 잡고 있으니, 이것이 인과응보요 자업자득이 아닌가. 사람 중에서도 특히 물렁한 남자에게 치명상을 줘서 정자 수가 감소하고 있다고 한다. 그 화학물질에 '환경호르몬'이라는 거창한 이름을 붙였는데 일종의 악질호르몬이다.

남자의 정자 수가 줄면 어떤 일이 일어나는 것일까. 보통 남자가 한 번 사정할 때 3억 마리의 정자가 나오지만 수란관(나팔관)을 타고 난자가 있는 난소까지 올라가는 놈은 2백여 마리밖에 되지 않는다. 일종의 인해전술이라 3억 중에 고작 2백여 마리가 난자 근처에 도착하는데, 만일 사정할 때 정자 수가 1억 마리나 그 이하로 줄면 난자와 랑데부하는 놈이 없어져서 불임이 되는 것이다. 여기에는 비아그라도 무효하다.

그리고 난자라고 끄떡없을 리가 없다. 여자는 난자가 될 난모세포(卵母細胞)를 난소에 40여만 개나 가지고 태어나는데 그것이 초경 후 매월 1개씩 성숙한 난자가 되어 배란된다. 그러나 평생 그중에서 기껏해야 4백50여 개만 쓰이고 나머지는 퇴화되고 만다. 40만 개 모두가 제1감수분열 전기 단계에 일단 멈춰 있고 매달 그중 하나만이 제2감수분열을 하여 난자가 된다.

여성은 나이를 먹을수록 살충제, 제초제말고도 X선, 우라늄 같은 유해물질에 많이 노출되어 그 영향으로 난모세포들이 변형되므로 기형아를 출산할 가능성이 높아진다. 이런 이유 때문에 임신은 빠를수록 좋다는 것이다.

어쨌거나 결국 비아그라로써 정자를 난자에 많이 보내고 그중에서 건강한 녀석으로 하여금 난자와 수정케 하여 건강한 후손을 얻는 것이 목적이라면 그 존재가치를 아무리 과대평가해도 좋다. 그러나 남성의 본능용이라면 생물학적으로는 무용지물이 아니겠는가. 한데 늙은 부부의 육정은 금실을 튼튼하게 하는 긴요한 수단이라고 하니 비아그라 만세를 외치지 않을 수 없다.

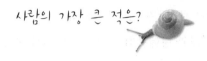

사람의 가장 큰 적은?

섣달이 되면 주부의 손길이 한창 바빠진다. 바로 김장 때문이다. 절여 씻은 노란 속대로 꽉 찬 배추와 단맛이 푹푹 나는 무채에 고춧가루·마늘·생강 등 갖은 양념과 맛깔스러운 젓갈, 생굴까지 넣어 버무린 소를 치대 겨우내 땅에 묻어 익히니, 김치야말로 농익은 천연 유산균이 듬뿍 살아 숨 쉬는 세상에 둘도 없는 영양 덩어리가 아닌가.

김장거리 중에는 무엇 하나 흙두더지 사람들의 손길이 묻어 있지 않은 것이 없다. 필자도 뒷마당 밭뙈기에다 푸성귀며 고추·배추·무·갓 등을 심어 김장거리를 자급자족하고 있는데, 이것들은 '일일부작 일일불식(一日不作 一日不食 : 하루 놀면 하루 굶어야 한다)'의 정신으로 뼈 빠지게 가꾸어 얻는 둘도 없는 커다란 보람이다.

자투리땅을 갈아엎어서 짓는 이것도 농사랍시고, 그것들을 키우면서 새삼스럽게 사람의 적은 사람이 아니라 풀과 벌레라는 것을 알았다. 하기야 원래 그곳은 그들의 세상이 아니었던가.

조금만 곁눈을 팔면 바랭이, 방동사니, 개비름, 쑥 등 여러 잡풀이 달려들어 '풀 반 배추 반'이 되어서 개량종인 배추 따위는 야생종인 잡초에 묵사발이 되고 만다. 양분은 물론이고 햇빛과 물까지도 빼앗기니 견디지 못하고 죽거나 병들고, 살아남아도 고갱이 없는 쭉정이를 면치 못한다.

잡초놈들은 그렇다 치고 벌레놈들의 꼬락서니를 보자. 농부가 씨앗을 심을 때 한 구멍에 낱알 셋을 심는 뜻은, 하나는 땅(벌레)이 먹고 하나는 하늘(새)이 먹고 나머지 하나는 내가 먹겠다는 나눔의 미덕이라고 하는데, 나는 지금 그 땅의 주인인 벌레와 잡초에 '놈' 자를 붙였으니 아직도 농부 되기는 글렀다. 곤충의 공격 또한 집요하여 그들과 손 부르트는 전쟁을 하지 않을 수가 없다. 배추벌레, 무당벌레, 오이잎벌레, 중국청람색잎벌레는 이름이라도 아는 곤충들이지만 달팽이와 이름도 모르는 나방의 유충까지 배추 심대에 들어앉아 갉아먹어 대고 있으니 정말로 핏대가 서지 않을 수가 없다. 아무리 나눔의 아름다움을 속으로 부르짖어 봐도 그게 그리 쉽지가 않다. 이런 마음은 당하고 겪어봐야 안다.

손가락만 한 벼메뚜기, 섬서구메뚜기, 팥중이, 방아깨비, 여치녀석들은 잠깐 동안에 작은 잎사귀 하나를 통째로 먹어치운다. 그런데 놀라운 것은 그 벌레들은 먹은 자리에 반드시 거름이 될 똥을 싸놓고 가고, 속의 어린 새순은 절대로 다 갉아먹지 않는다는 것이다. 기생충은 숙주를 죽이지 않는다는 것으로, 임자 몸을 죽이면 저도 죽는다는 것을 이 벌레들도 아는 모양이다. 한데 재미난 것은 작은 밭에도 먹이사슬이 이어져 어느새 육식

성인 거미, 개미, 왕사마귀, 청개구리가 배추밭에 나타나서 앞
의 초식성 놈들을 잡아먹기 시작한다는 것이다. 내 대신 해충
을 잡아먹어 주니 얼마나 고마운지 모른다. 그러나 내가 전공
하는 나의 사랑하는 달팽이가 나의 에너지와 시간을 먹고 크는
그 어린 배추를 뜯어먹고 있는 것을 봤을 때의 심적 갈등은 경
험하지 않은 사람은 잘 모를 것이다. 사랑을 따르자니 친구가
울고 친구를 따르자니 사랑이 우는 꼴이다. 하여 죽이지는 않
고 '하늘'로 날려버린다. 멀리 저 언덕배기로.

　몇만년 전 사람들이 농사를 짓기 시작하면서부터 사람과 잡
초와 벌레의 전쟁은 시작되었다. 그래서 찾아낸 것이 살충제요
제초제 아닌가. 몇 이랑 안 되는 무, 배추를 키우는 데도 얼마
나 그놈들에게 시달렸던지 이런 '화학탄'을 확 뿌려버리고도
싶었지만 그 충동을 무던히 잘 참고 필자는 '무공해' 채소를 키
워 발효가 더욱 잘되는 김치를 담갔다. 농약이나 제초제가 남
은 채소는 아무래도 유산균의 성장 속도가 느리니 하는 말이
다. 하여튼 사물의 핵심을 '고갱이'라고 한다는데, 우리 인간도
벌레와 잡초를 이겨내고 자라나 저 단단한 심을 박은 알찬 가
을 배추를 닮았으면 한다.

　그런데 밭농사를 짓다 보면 또 다른 재미있는 일을 경험하게
된다. 곡식이 주인의 발걸음 소리를 듣고 자란다는 말도 맞고,
땅이 정직하다는 것도 사실이어서 확실히 가꾼 만큼 자라고 열
매를 맺는다.

　고랑을 만들어 바닥 흙을 보드랍게 골라 씨앗을 뿌리고 그

위에 고운 흙을 다진 뒤 지푸라기로 덮어두면 3~4일 내에 우연 찮게 똑같은 시간에 샛노란 새 생명이 탄생한다. '어영차!' 고함 을 지르며 흙을 밀고 올라온 움들은 햇빛을 받아 푸른색을 띠 면서 친구들과 볕, 물, 거름을 놓고 다투기 시작한다. 다툼 정도 가 아니라 죽기 살기로 싸운다. 배추, 상추만 봐도 빽빽하게 줄 지어 난 놈들 중에 힘센 몇 놈이 옆의 싹을 누르고 우뚝 솟는 다. 같은 종류끼리도 낑낑거리며 서로 살아보겠다고 싸우니 생 명을 부지하는 것은 어디서나 힘든 일인가 보다.

그런데 자세히 관찰해보면 밭두렁에 난 강아지풀, 바랭이, 방 동사니, 비름은 이랑에 있는 녀석들에 비해 더욱 길길이 잘 자 란다. 묘한 일이 아닌가. 그러니 잡초를 뽑아주지 않으면 언젠 가 세력을 얻어 채소 반, 잡초 반이 될 것이다. 그러나 채소들 도 잡초에 저항하고 있는 것은 분명하다. 뿌리 잎줄기에서 휘 발성 물질을 분비하여 다른 식물의 발아를 억제하고 성장을 억 누르는 것이다. 이를 타감작용(他感作用) 또는 알렐로파시 (allelopathy)라고 한다.

"거목 밑에 잔솔 못 자란다."라는 말도 햇빛을 못 받기 때문 만은 아니다. 소나무 뿌리는 갈로탄닌(gallotannin)이라는 물질을 내뿜어 일정한 거리 내에서는 다른 식물의 싹이나 제가 떨어뜨 린 솔 씨도 움트지 못하게 한다. 토마토도 화학물질을 분비하 여 근방에는 질경이, 도깨비바늘이 못 산다고 하고, 뽕나무도 주변 식물을 고사시키기 위해 헥사놀(hexanol), 리나룰(linalool) 같은 40여 종의 억제물질을 분비한다. 붙박이로 자라는 힘없는 식물들조차 모두 제 살 방도는 갖고 있으니 생물계가 어찌 오묘하다 하지 않겠는가. 그러나 식물마저도 수단 방법을 가리지 않고 싸움박질을 한다니 이 어찌 비창(悲愴)타 하지 않겠는가.

물의 비밀

천문학자들은 이 광활한 우주에 태양과 비슷한 별이 수백만 개가 있고 우리의 은하계만 해도 최소한 10만 개의 혹성에 생명체가 살고 있을 것으로 추정하고 있다.

우리가 살고 있는 지구와 이들 혹성의 환경이 유사할 것이라고 추정하는데 그러려면 햇빛을 계속 받아야 하고, 물이 반드시 있어야 하며, 일정한 온도 범위(이론적으로 영하 50~영상 1백 도)를 유지하고, 마지막으로 생물체를 구성하는 탄소 · 산소 · 수소 · 인과 같은 원소들이 있어야 한다.

여기서는 생명과 물은 어떤 관계를 갖는가를 알아보도록 하자. 더운 여름날에 먼 길을 걸을 때 입이 바싹바싹 타는 갈증을 경험해봤다면 물이 얼마나 중요한지 느꼈을 것이다. 먼저 물의 특성을 알아보는 것이 왜 생명체가 물 없이는 존재하지 못하는가를 이해하는 데 도움이 될 것이다.

첫째, 물은 좋은 용매라는 것이다. 예를 들어 소금을 먹었을 때 이것이 녹아야 세포에 쓸모가 있는 것이지, 녹지 않으면 무용지물로 해를 끼치기만 한다.

둘째, 물은 1도 올리는 데 2킬로칼로리가 드는 높은 열용량을 갖는데, 이는 알코올이나 기름의 2배, 철보다는 10배가 더 큰 것이다. 다른 말로 하면 물은 온도 변화가 느리고, 열 보존이 잘 된다는 의미다. 만일 사람의 몸이 70퍼센트 이상 물 덩어리가 아니었다면 추운 겨울에 어떻게 될 것인가를 여러분은 짐작할 수 있을 것이다. 사람의 몸이 철로 되었다면 10배로 빨리 더워지고 식는다는 것이다. 큰일 날 뻔했다.

셋째, 물은 1그램이 수증기로 날아갈 때 5백39 킬로칼로리라는 엄청난 열이 필요한데, 이는 메틸알코올의 2배나 된다. 말을 바꿔보면 동식물체의 물이 증산할 때 적은 양의 수분이 기화하면서도 많은 열을 빼앗아갈 수가 있어 여름철에 땀을 적게 흘리고도 체온조절이 가능한 것이다. 오묘한 물의 신통력이다.

넷째, 물은 4도에서 최대 밀도를 갖는다. 대부분의 물질들은 온도가 내려갈수록 밀도가 커지나 물은 4도에서 최대고 온도가 더 내려가도 진해지지 않는다. 그래서 0도에서 얼음이 얼면 그 얼음은 물 위로 떠오르는 것이다. 만일 그렇지 않고 겨울에 언 얼음이 연못이나 호수 바닥으로 가라앉아 여름에도 그대로 있다면 그곳에서는 생명체가 살 수가 없을 것이다.

다섯째, 물은 수은 다음으로 표면장력이 크다. 물 분자끼리 서로 잡아당기는 응집력이 크기 때문에 세포 형태가 일정하기 쉽고, 세포 내 원형질 운동도 가능하다. 이것이 소금쟁이가 물 위를 떠다니면서 살 수 있는 이유다.

여섯째, 물은 점도가 낮아서 물이 주성분인 피가 가느다란 모세혈관을 타고 흐를 수가 있고, 세포 사이에서 물질도 이동할 수 있는 것이다. 오랫동안 물을 먹지 못하면 피의 점도가 높아져 혈액이 모세혈관을 쉽게 지나가지 못해서 사망하게 되는 수도 있다. 피 속에는 산소, 양분 등 생명의 원소들이 다 들어 있다는 것을 여러분은 잘 알고 있을 것이다.

지금까지는 물의 물리·화학적 성질을 살펴봤는데, 물의 또 다른 성질로는 물은 무색·무미·무취한 물질이면서 자연상태에서는 액체·고체·기체로 바뀌는 유일한 것이라는 점이다.

생물체의 70~90퍼센트가 물로 되어있는데, 우연하게도 지구 표면의 72퍼센트가 물이라니 그 비율이 비슷하게 일치한다. 수소와 산소가 결합한 H_2O의 성질이 이렇게 오묘하다니, 그래서 과학은 알수록 재미있다.

생명은 물에서 탄생한다. 식물은 다른 환경조건이 다 갖춰져도 물이 없으면 휴면 상태에 머물고, 척추동물에서도 땅에 사는 개구리는 알을 물에 낳고, 태아는 자궁 속 양수 안에서 자라서 태어난다. 사막이나 메마른 연못에 소나기가 한줄기 내린 다음에 얼마나 많은 생물들이 싹을 틔우는가.

이 귀한 생명수를 과소평가했던 것은, 우리나라가 지금까지는 그래도 물이 깨끗하고 많아서 물을 '물 쓰듯' 해왔기 때문이다. 그러나 이제는 사정이 많이 달라져서 '물은 금'이라는 것을 실감하기 시작했다.

강이 생명을 잃어가 외국의 물을 들여와 먹는 마당이니 온 국민이 정신을 차리고 환경 파수꾼이 되어 강을 되살리지 않으면 안 되게 되었다. 물이 죽고 강이 죽으면, 결국엔 사람도 죽는 것이기 때문이다.

물을 아끼고 바르게 이용하는 지혜가 절실히 요구되는 때다.

변화에 적응하는 종(鐘)만 살아남는다

식물이나 동물이나 암수가 따로 있어서 암술·수술, 암컷·수컷이 있고 그것들이 결합하여 후손을 남기는 것이 대부분이다. 그러나 암수가 따로 없이 한 개체에 암수 양 기관을 다 가지고 있는 것(雌雄同體)이 있는가 하면, 수놈 없이 암놈 혼자서 새끼를 낳고 살아가는 것(處女生殖)도 있다. 사람이나 다른 생물들이나 어디 하나 똑같은 것이 없이 다 다른 것을 '생물의 다양성'이라 하니, 그렇게 된 것은 분명히 생존에 유리하게 적응한 결과일 것이다.

먼저 암수가 있어 난자와 정자가 수정하는 유성생식은, 간단하게 말해서 악조건의 환경에서 살아남기 위한 수단이다. 같은 부모가 난 자식들일지라도 그들의 얼굴은 물론이고 성질이나 적성도 다 달라(이것을 '변이'라 한다) 여러 가지 다른 직업을 가지고 살아간다. 크게 보아서 환경이 바뀌어 한 아이가 실직을 하더라도 다른 아이는 도리어 호경기를 타게 되어 부모의 입장에서는 종족 보존을 하게 되는 셈이 된다. 즉 우산 파는 자식, 짚신 파는 자식이 다 있다는 것이다. 아이 한둘을 낳아 그들이 모두 실직되는 경우와 비교해보면 금방 이해가 간다. 다다익선이라고 능력만 있으면 여러 자식을 낳아 기르는 것이 자식들을 위해서도 좋은 것이다. '무자식 상팔자'라는 말은 삶을 도피하려는 사람들의 변명에 지나지 않는다. 고생하면서 사는 것이 훨씬 보람 있는 참살이인 것이다. 한마디로 유성생식은 변이가 많아 그중에는 반드시 살아남는 후손이 생겨난다는 장점이 있다. 물론 다음에 설명하려는 처녀생식에 비해서 암수가 서로 만나 교미하고 새끼 치는 데 힘을 많이 쏟고 시간도 허비한다는 단점도 있으나 나름대로 유리한 적응이다.

그러면 처녀생식은 어떤 생식일까? 대부분이 무척추동물인 진딧물·개미·벌 등에서 관찰되는 생식 방법인데, 암컷이 난자를 만들고 그 난자가 곧바로 새끼로 바뀌며 그것이 커서 또다시 알을 낳는 생식이다. 처녀생식에는 수컷 없이 전적으로 암놈만 있는 경우가 있는가 하면 꿀벌처럼 감수분열을 한 난자가 혼자 수벌로 발생하는 두 가지 경우가 있다.

진딧물의 암놈이 봄과 여름철에 배수성(2n)의 알을 낳으면 모두 암놈이 되고 그것들이 또 알을 낳아대니 결국은 수놈이 없기 때문에 번식 속도가 기하급수로 증가하게 된다. 처녀생식의 근본 목적은 유성생식과는 달리 에너지와 시간 소비를 절약하여 개체를 빨리 그리고 많이 늘려가는 것임을 알 수 있다. 여기서 감수분열이 없기 때문에 진딧물의 암놈과 그 새끼는 유전적으로 전연 차이가 없는 '복제 진딧물'이다. 그러나 앞에서도 말했지만 변이체가 없기 때문에 환경이 약간이라도 불리하게 변하면 모두 멸종될 위험성이 있다. 그렇기 때문에 생물들은 모두 '다양'하다는 장치를 가지고 미래를 대비하는 것이다.

여기에 꿀벌 이야기를 보태보면, 여왕벌은 감수분열을 하여 염색체가 반밖에 안 되는 반수체인 난자를 만드는데, 이 난자가 수벌의 정자와 수정되면 일벌이나 여왕벌(일벌과 유전적으로 똑같으나 후천적으로 로열젤리를 먹는 놈이다)이 되고, 난자가 수정되지 않고 그대로 발생하면 반수체인 수벌이 된다. 수벌은 일벌이나 여왕벌보다 염색체 수가 반밖에 되지 못하여 이들이 만든 정자도 반수체다.

여왕벌은 정자만 공급하는 수벌을 많이 만들지 않으며, 봄에 교미가 끝나면 일벌들이 수벌을 모두 쫓아버리거나 물어 죽인다니 수벌 신세가 참으로 불쌍하고 처량하다. 혹시 퇴임한 가장을 괄시하는 아내나 자식들이 있다면 그들은 이런 하등한 동물에 지나지 않는다는 것을 알아야 한다. 결코 사람이 벌에 대비되는 일이 없도록 해야 할 것이다.

무척추동물은 그렇다 치고 척추동물 가운데 유일하게 처녀생식을 하는 동물이 있다. 미국 남서부와 멕시코에만 사는 도마뱀의 한 종은 이상하게도 고등동물이면서도 암놈만 존재하는데 암놈이 낳은 알도 부화하면 모두 암놈이 된다고 한다.

이 도마뱀은 파충류의 네미도포루스[*Cnemidophorus*] 속에 속하는 종으로, 보통 채찍꼬리도마뱀(Whiptail lizard)이라 부른다. 처음에는 이놈들이 처녀생식을 하는지 몰랐는데 1960년대 초에 생식법을 확인하기 위해 실험실에 잡아와서 사육해본 후에야 이놈들의 정체가 밝혀졌다.

　그렇게 먼 이야기가 아닌 것으로, 실험실에서 산란하는 것까지는 확인했으나 알이 썩고 부화시켜도 새끼가 잘 죽어버렸다. 나중에야 모든 조건이 완벽해도 자외선이 없으면 생육이 안 된다는 사실을 알아냈다. 즉, 비타민 D가 합성되어 일어나는 칼슘대사에 자외선은 꼭 필요한 요소라는 것이다. 그래서 7대를 계속 키워봤더니 모두 암놈으로, 수놈은 한 마리도 태어나지 않았다고 한다.

　또 나중에 알아낸 사실이지만 모두 12종이 처녀생식을 하는 단성이었고, 이것들은 모두가 몸빛이나 몸집 크기 등이 어미와 같았고, 쌍둥이가 세포 이식이 잘되듯이 이식시에 거부반응이 없었으며, 염색체도 모두 3배체(3n) 상태고, 전기영동(電氣泳動)을 하여 단백질 패턴을 봐도 모두 같았으며, 성기에도 차이가 없었다고 한다. 종을 판별하는 여러 조건에 모두 일치했다는 것이다.

　그런데 자연상태에서는 종이 다른 양성 수놈과 교미하여 잡종을 낳을 수 있었는데, 그중에서 수컷은 모두 도태되어 죽고 암놈만 살아남았다고 한다. 언제나 그렇듯이 동일종 사이에서 생긴 것이 더 유리한 적응을 하는 것이다. 자연계에서 같은 종이 아닌 것들 사이에서 새끼가 태어나는 것을 허락하지 않는 것도 조물주의 조화 능력이 아닌가 싶다.

　그렇다면 이 채찍꼬리도마뱀은 어째서, 어떤 점 때문에 처녀생식을 하게 됐을까? 물론 정답을 찾아낼 수는 없었다. 이것들도 봄철의 진딧물처럼 수컷 없이 모두 암놈이 되고 또 모두가 산란을 해대니 개체 수가 급속히 증가했다.

이 도마뱀과 암수가 따로 있는 양성 도마뱀을 같이 키워봤더니 단성인 이것들의 개체 수가 재빠르게 늘어나 양성 도마뱀을 압도하여 몰아내더라는 실험도 있었다. 이렇게 종족의 수가 빠르게 늘어나는 것은 대단히 유리한 적응 현상이지만 그것은 환경 조건이 변하지 않고 일정하게 유지될 때의 이야기고, 누차 강조했지만 환경이 갑자기 바뀌면 똑같은 형질을 갖는 이 무리는 전멸할 가능성이 높다.

그래서 단기적으로는 단성 도마뱀이 유리해보이지만, 장기적으로 보면 양성인 도마뱀이 훨씬 유리하다는 것이다. 멘델의 유전법칙에 따르는(형질의 분리가 뚜렷하다) 종, 즉 자손이 다양한 변이 형질을 가진 종은 환경 변화로 많이 죽기도 하지만 워낙 다양하기 때문에 그중에서 살아남는 놈이 반드시 생겨나고 그것이 새 환경에 적응하여 집단을 늘려간다.

생물계를 잘 들여다보면 투쟁, 적자생존, 적응, 변이, 선택과 도태는 물론이고 재물(財物)까지도 보인다. 즉 적은 돈이라도 분산투자하는 것이 안전하다는 지혜를 얻을 수 있기 때문이다. 이처럼 생물계는 우리에게 먹을거리만 주는 게 아니라 삶의 지혜도 준다.

암컷은 왜 나이 많은 수컷과 짝짓기 할까?

　어느 생물이나 한번 태어나면 반드시 죽는다고 하니, 태어나서 늙어 병들어 죽는다는 일이 다행히 사람만의 문제가 아니라는 데 한결 위안이 된다.

　생물은 죽는 대신 제 분신인 후손을 남기는데, 그 종족 보존을 위한 장치가 종에 따라 가지가지라서 사람들의 흥미를 끈다. 미생물이나 원생생물은 몸뚱이를 반으로 싹둑 나누는 이분법을 하고 히드라는 몸의 일부가 툭 튀어나와 떨어져 자라는 출아법을 하는데 이런 생식법을 무성생식이라 한다. 우리 사람도 마음 편하게 무성생식을 하면 얼마나 좋았을까 싶은데 남의 눈치나 간섭이 없어 좋긴 하겠지만 희로애락이라는 삶의 변화와 흐름이 없어서 무미건조할 것 같다.

　아무튼 생물들은 대부분이 짝을 지어 자손을 퍼뜨리는 유성생식을 하고 있기에 더더욱 복잡하게 얽혀 살아간다. 짝도 아무하고나 맺는 것이 아니라 동일종끼리 맺는 것을 원칙으로 하고 있으니, 여기에 궁합이 등장하고 배우자인 난자와 정자가 서로 귀신같이 같은 종을 알아차린다.

여기서 궁합이라는 말은 암수의 생식기 구조가 오목 볼록인 요철(凹凸)로 되어 있어 엇물려야 한다는 것으로, 다른 말로는 종에 따라 생식기의 구조가 모두 다르다는 것이다. 그래서 종을 분류할 때는 생식기 구조의 같고 다름을 분류의 검색 열쇠로 쓴다. 그리고 난자의 벽에도 같은 종의 정자인가를 판별하는 센서가 달려있어서 다른 종의 것에게는 여간하여 사랑의 문을 열어주지 않는다. 여기서 '여간하여'란 말은 다른 종의 정자에게도 여는 수가 있다는 뜻이니, 이는 종간교배(種間交配)라는 것으로 고등동물에서도 가끔 보게 된다.

말과 당나귀는 다른 종인데도 이들 사이에 종간잡종이 생겨난다. 암말과 수탕나귀 사이에는 노새가, 암탕나귀와 수말에서도 버새가 나오는데, 버새는 노새보다 조금 작다. 그런데 잡종이 힘이 세다는 잡종강세를 이미 3000여 년 전에 알아내어 노동력으로 썼으니 사람의 지혜가 무한하다.

또 수사자와 암호랑이 사이에서는 라이거(liger), 수호랑이와 암사자 사이에서는 타이곤(tigon)이 탄생하는데, 이는 자연상태가 아닌 동물원에서만 가능한 일이다. 이들은 어릴 때부터 같이 자라 서로를 친구로 알기에 가능했던 것이다. 이처럼 경우에 따라 종간교배가 가능한데, 이렇게 해서 태어난 종간잡종은 불임이다.

세상은 요지경이라 사람말고 동물들도 덩치가 크고 깃이 예쁘고 소리가 우렁차며 구애 수단이 좋은 수컷들이 많은 후손을 남긴다고 한다. 이 같은 성의 선택이론은 다윈이 오래 전에 발표했는데, 제임스 본드처럼 건강하고 잘생기고 돈 많은 사람에게 많은 여자가 따른다는 것은 우리가 다 아는 일이라 사람에서도 성의 선택 현상이 일어나고 있음을 인정하게 된다.

수컷들은 수단과 방법을 가리지 않고 암놈을 유인하는데, 암놈을 차지하기 위해 죽음을 무릅쓰는 것이 수놈들의 세계다. 어떻게 해서든 많은 정자를 뿌리려고 하는데, 알고 보면 '성공한 수컷'이 되느냐 마느냐는 암놈의 선택에 달린 셈이다. 여기에 서술되는 여러 동물의 이야기는 곧 사람의 이야기라 생각해도 무방하리라.

뉴기니아에 사는 극락조 이야기다. 교미기가 되면 극락조 수컷들은 아침 일찍 오만 멋을 내고 꾸역꾸역 나뭇가지에 앉아 암놈이 오기를 기다린다. 암컷이 나타나면 한껏 모양을 낸 수컷들은 몇 시간 동안 춤을 추고 날갯짓을 하면서 건강미와 강한 유전자의 소유자라는 것을 뽐낸다. 종국에는 암놈이 그중 한 마리를 골라 교미하고는 느릿느릿 사라진다. 이렇게 교미한 암놈은 혼자서 집을 짓고 알을 낳고 새끼를 기르게 된다.

그런데 다음날 아침에도 수컷들의 무도회가 똑같이 벌어지고 놀랍게도 어제 암놈을 다 차지했던 녀석이 또 암놈의 80퍼센트를 차지한다고 한다. 암놈들도 뭔가 알기는 아는 모양이다. 풀더께 뒤집어쓴 못생기고 밉상인 저 수컷 자투리들은 암놈 구경 한 번 못한다고 하니 이 일을 어쩐담.

이렇게 수컷들이 한곳에 모여 있는 것은 수컷이나 암컷이나 짝을 찾는 데 드는 에너지를 절약하려는 것이니 이런 짝짓기는 좋은 적응 결과로 보인다. 어떤 극락조는 나뭇가지를 물어와 걸쳐 세워놓고 바닥에 깃털 양탄자를 깔고 집(교미장소) 자랑을 하여 암놈의 관심을 끌어내기도 한다.

물고기 중에 큰가시고기 무리는 수컷이 산란장을 만들어놓고 암컷을 맞이하는데, 산란기가 되면 수컷의 아랫배가 빨갛게 되는 혼인색이 암놈의 '유전자'를 강하게 자극한다. 묘한 것은 암컷이 전에 교미했던 수컷과 지금의 수놈을 비교하여 선택한다니 알다가도 모를 일이다. 혼인색은 산란기가 됐을 때 주로 물고기 수컷의 체색이 진해지는 것을 말한다.

그러면 왜 암컷들은 건강한 유전자를 가진 수컷을 고르는 것일까. 확실한 것은 좋은 유전자를 받아서 자식에게 넘겨주려는 본능이 수컷보다 암놈들이 훨씬 강하다고 한다. 그리고 수컷이 정자를 많이 만들어 양을 중시한다면 암컷은 소수의 난자만 만들어내기에 질을 더 중요시한다는 것이다. 사람들의 해석이라 인위적인 느낌도 들지만 암놈이 강한 수컷을 만남으로써 유전자말고도 먹이를 많이 얻을 수 있어서 생존에 유리하고 적에게서 보호를 받을 수 있다. 필요한 경우에 수컷은 어미와 자식을 위해 포식자에게 희생되기도 하니 사람이나 다른 동물들 모두 수컷은 불쌍하다고 해야 할까.

열대어인 거피(guppy)가 그렇다. 여러 마리의 수컷과 암컷이 같이 있는 곳에 커다란 포식자(물고기)가 나타나면 그중에서 가장 강한 혼인색을 띤 수컷 한 마리가 앞서 달려나가 포식자와 맞서는데 바로 이런 놈을 암컷은 짝으로 선택한다고 한다. 그런데 암놈이 없는 경우에는 절대로 그런 만용을 부리지 않는다고 하니, 암놈의 존재가 수컷에게 얼마나 중대한 영향을 미치는가를 짐작케 한다.

그렇다면 용기는 없지만 혼인색이 진한 수놈과 흐릿하지만 용기있는 수놈 중 암놈은 어떤 놈을 선택할까? 유리관에 혼인색이 진한 수놈과 흐릿한 수놈을 넣고 흐릿한 색의 수놈을 포식자와 맞서게 해보았다. 그랬더니 암놈은 혼인색이 흐릿하지만 용감한 수놈을 선택하더라는 것이다. 이 실험은 인간에게도 암시하는 바가 크다.

동물의 행동을 연구하는 학자들은 더 재미나는 거피의 또 다른 행태를 찾아냈는데, 다른 암놈과 이미 짝을 맺었던 수컷을 암놈들이 선호하더라는 것이다. 이는 수놈 선택에 소비되는 시간을 줄이고 강한 수놈을 선택함으로써 다른 포식자에게 잡아먹히지 않으려는 것으로 해석된다. 수컷의 혼인색이 워낙 강하면 본능이 발동하여 그놈을 고르지만 큰 차이가 없으면 다른 친구가 골랐던 수컷을 고르는데 이를 '모방효과'라고 한다. 본능과 모방을 결정하는 데는 색깔에 역치(자극에 대하여 반응을 일으키는 데 필요한 최소한의 자극 값)가 있다는 것이다. 또 어린 암거피는 늙은 암놈이 선택한 수컷을 무조건 따라 선택한다니 오묘한 생물계의 한구석이라 하겠다.

우리나라 사람들은 시집, 장가를 보낼 때 띠를 따지고 궁합을 본다. 그런데 재미난 것은 여자보다 남자가 두서너 살 위여야 남녀가 궁합이 맞는다고 하여 결국 여자들은 나이 많은 남자를 택한다는 것이다. 우리나라 사람은 성씨에다 미모, 건강, 재력, 학력, 몇 째냐까지 따지니 극락조와 거피에 비하면 결혼 조건이 엄청 까다롭다.

그런데 들닭들의 짝짓기를 관찰했더니 역시나 암탉이 저보다 한 배 위의 수컷을 고르더라는 것인데, 여대생들도 하나같이 군대에 갔다 온 선배와 캠퍼스 커플을 이루는 것을 보면 닭과 사람이 많이도 빼닮았다. 나이 많은 수컷을 고르는 이런 현상을 생물학적으로 해석하면, 늙은 것이 먹이를 충분히 공급해 줄 수가 있고 보호자로서의 역할이 가능하며 늙어도 아직 죽지 않고 있는 것은 그만큼 건강한 유전자를 가졌다고 본다는 것이다. 사람의 경우에도 남자가 나이를 먹을수록 더 젊은 부인을 배우자로 택하는 것도 사회 심리학자들의 연구 대상이 되고 있다.

실은 들닭만의 문제가 아니라 집닭도 잘 보면 늙은 대장 수놈이 암놈을 다 차지하는 것을 볼 수 있는데(암놈들이 그렇게 선택한 것이다), 대장 수탉은 지푸라기는 물론이고 맨땅을 부리로 쿡쿡 찔으면서까지 암놈에게 먹잇감을 제공하는 멋진 봉사를 한다. 수탉이 암탉을 쫓거나 미워하는 것을 한 번도 본 적이 없으니, 그래서 우리의 전통 혼례상에 닭이 오르는 것이리라.

극락조 한 종의 짝짓기 생태도 우리에게 느끼게 하는 바가 크다. 같은 종이면서 어떤 것들은 먹이가 풍부한 곳에, 다른 무리는 부족한 곳에 살았는데, 전자는 일부일처를, 후자는 일부다처를 이루더라는 것이다. 옛날에 우리가 못살 때 아버지들이 첩을 두는 경우가 다반사였으니, 생물들이 우리의 스승임이 분명한가 보다. 알고 보면 물개 등 일부다처제의 모듬살이가 훨씬 경제적인 제도라고 봐야 한다. 수컷들이 먹는 먹잇감이 절약되니까. 수컷이 여러 마리면 그만큼 식량의 소비가 많아지는 게 아닌가.

그런데 사람에서는 돈이라는 것이 에너지요, 그것이 곧 먹이의 대명사인데 돈을 벌지 못하는 IMF시대의 저 많은 아비의 마음은 얼마나 비통하겠는가. '수놈 행세'를 못하니 말이다.

삼라만상을 들여다보면 생물들은 모두가 먹고살고 새끼를 낳기 위해 피가 터지도록 싸움질을 하고 있다. 그래도 최후의 목표는 새끼치기라서 반드시 짝짓기를 한다. 어떻게 하든 가능한 한 많은 유전자를 퍼뜨리고 죽어가는 것이다.

개구리 수컷이 그토록 울어대는 것도 건강한 암놈을 만나 제 유전자를 남기자는 것이 아닌가. 반딧불이가 빛을 발하는 것도, 모기와 초파리의 수컷이 날개를 떨어서 소리를 내는 것도, 귀뚜라미와 매미의 울음 또한 구애의 소리가 아니던가. 나방이 놈들은 별나서 암놈이 페로몬을 분비하여 저 멀리 있는 수놈을 유인한다고 하니, 뱀처럼 서로 엉겨붙어 구애하는 접촉말고도 동물들은 이렇게 소리나 빛, 냄새로도 사랑을 한다.

동물들의 수많은 구애 행위는 상대를 성적으로 흥분시키는 일말고도 같은 종끼리만 교미하려는 일종의 '격리 기작'이라고 한다. 생물들이 얼마나 영리한지 모른다. 앞에서도 말했지만 종간교배가 일어나면 그 잡종은 불임이 되어 결국 자손을 남기지 못하니 다른 종과의 교배는 사실 비생산적이다. 다시 말하지만 같은 종끼리만의 소리의 주파수, 빛의 파장, 냄새를 가지고 있어 다른 종과의 교배를 예방하는 것이 곧 구애의 본체다.

그리고 수컷들만이 노래를 부르고 빛을 내고 날갯짓을 하는 것은 가능한 한 암놈의 에너지를 절약하여 새끼 키우는 데 힘을 쏟도록 하려는 것이라니, 이러한 희생과 배려의 정신은 우리도 새겨 읽어야 할 대목이다. 암놈들이 청맹과니요 둔하면서 음치인 이유가 다 있는 것이다.

베짱이가 뙤약볕 아래서 소리질을 하는 것도, 피라미의 혼인색, 칠면조의 그 현란한 깃털 세움도 모두가 수놈들의 사랑의 표현임을 이제 다 알았다. 그런데 어찌하여 사람은 여자들이 남자보다 더 멋을 부리는 것일까. 정녕 사람이란 알다가도 모를 동물이다.

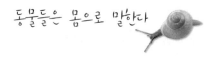

동물들은 몸으로 말한다

  사람과 사람 사이에서 의사를 표현하는 방식은 여러 가지가
있다. 가장 대표적인 것이 언어와 글을 통한 것이지만, 그 외에
도 사람은 얼굴 표정이나 몸동작, 즉 보디랭귀지를 통해서도
생각을 전달할 수 있다. 그렇다면 말을 못하는 동물들은 어떻
게 서로에게 의사표현을 하는가. 동물들은 '몸으로' 말을 한다.
  동물 행동학자 드보르가 어느 아프리카 산자락에서 바쁜 원
숭이를 관찰하던 중 쌍안경을 땅바닥에 떨어뜨렸는데, 새끼 원
숭이가 그것을 잡으려고 하자 드보르가 얼른 빼앗았다. 그러자
새끼 원숭이는 마구 고함을 질렀고, 그 소리를 들은 원숭이들
이 떼를 지어 달려와서는 금방이라도 잡아먹을 듯이 으르렁거
렸는데, 그중에서도 특히 대장 수놈은 화가 많이 났다고 한다.
  드보르는 어떻게 이 위기 상황에서 탈출할 것인가를 고민하
다 침착하게 손바닥으로 자기의 입술을 찰싹찰싹 쳐서 원숭이
들을 물러서게 했다. 그는 원숭이들이 "나는 너를 해치지 않는
다."라는 의사를 그렇게 표현한다는 것을 이미 알고 있었던 것
이다.

이처럼 원숭이는 의사소통의 수단으로 일종의 보디랭귀지를 사용하지만, 다른 동물들도 다 그런 방법을 쓰는 것은 아니다. 새나 귀뚜라미는 소리로, 전기뱀장어는 전기로, 개미는 더듬이를 맞댐으로써 의사를 전달한다.

그중 귀뚜라미의 경우에 소리를 내는 것은 수놈의 몫이다. 수놈이 두 날개를 문질러서 "꾸르르꾸르르—!" 하고 소리를 내면 암컷은 부지런히 그 소리의 근원지를 찾아갈 뿐이다. 이때 재미있는 것은 우리가 듣기에는 그 소리가 그 소리 같지만 같은 종은 그 소리를 알아 듣는다. 여기에는 같은 종끼리 교미하여 새끼를 퍼뜨리겠다는 의도가 들어있다. 종이 다른 암말과 수탕나귀가 힘센 노새를 만들어냈지만, 그 노새는 새끼를 치지 못하는 불임이 아닌가. 귀뚜라미도 그것을 이미 잘 알고 있어서 같은 종의 짝만 찾는 것이다.

귀뚜라미 수놈은 이처럼 암놈에게 "나 여기 있소."라고 위치를 알려주는 것 외에도 다른 수놈에게 자신의 영역에 침입하지 말라고 텃세를 부릴 때, 천적이 오니 주의하라고 알릴 때 혹은 사냥감이 많이 있으니 모두 모이라는 기쁜 소식을 전할 때도 소리를 내는데, 그 내용에 따라 소리의 강약과 빈도 등이 다르다고 한다.

누에나방은 냄새로 의사를 전달한다. 누에나방은 귀뚜라미와 달리 암놈이 적극적인데, 암놈은 몸에서 봄비콜(bombykol)이라는 화학물질을 만들어서 냄새를 풍긴다. 그러면 수백 미터 밖에 있던 수놈들이 그 냄새를 맡고 모여든다. 수놈들은 더듬이로 이 사랑의 향수를 맡는데, 향기에 둔한 놈은 짝을 찾지 못해 유전자를 퍼뜨리지도 못하고 도태된다니 더듬이가 발달해야 사랑도 하고 새끼도 잘 낳을 수 있다. 뱀이나 개구리도 가을이 되면 친구들의 냄새를 좇아 한곳으로 모인다.

 이처럼 동물들은 의사를 전달하기 위해 그들만의 독특한 방법을 동원하는데, 그것은 번식과 생존에 긴요한 수단이 된다.

생물학의 응용

어떻게 그 작은 난자와 정자가 수정되어 후손이 만들어지는 걸까? 요즘은 신문이나 TV를 통해서도 수놈들이 정자를, 암놈들이 난자라는 것을 만들어 이것들이 수정되고 복잡한 발생과 정을 밟아 개, 돼지나 사람으로 탄생한다는 것쯤은 충분히 안다. 성교육도 예전보다 다양해져 이 정도는 누구나 알고 있다.

그러나 발생학을 전공하는 사람들 몇몇을 제외하고는 대부분의 생물학자들도 그러려니 하는 것이지 속속들이 다 아는 것은 아니다. 생명을 잉태한 수정란의 발생과정은 신성하고 고매하며, 너무나 복잡다단하기에 그렇다. 창조주가 보통 사람에게는 보여주지 않는 신비스런 과정이요 단계라는 것이다.

어쨌거나 이제는 지식 수준이 높아져서 알이 혼자 발생하여 새끼가 된다든지 정자가 커서 자손이 된다는지 하는 생각도 사라졌으며, 닭이나 소·돼지·염소의 교미를 봐서도 분명히 수정이라는 과정이 있다는 사실을 알게 되었다.

그러나 생물학을 하는 필자만 해도 어떻게 눈에도 보이지 않는 저 수정란이 자라서 꽃이 되고 초파리, 사람으로 태어나는

지 의문을 떨칠 수가 없다. 비록 책에서는 그렇다고 읽었지만. 사람의 경우에도 간세포, 위세포 등 2백50 가지 이상의 세포가 있는데 어떻게 간, 위, 창자, 눈을 구성하는 세포들이 다들 제자리를 찾아갔을까. 간세포가 뇌에 가 있다거나 위세포가 허파에 가 있다면 웃기는 일이 아니겠는가. 역시 조물주의 힘은 대단하다. 그런데 생물학에서는 창조주라는 말을 쓰지 않으며, 창조주의 역할을 유전자가 한다고 말한다. 어쨌든 한 생명체가 발생하는 과정은 정녕 신기한데, 조직이나 기관들이 일정한 장소에서 형성되고 일정한 시기에 순서대로 이루어진다니 탄성이 절로 나온다.

수많은 끈질긴 실험을 통해 유전인자가 조직에 따라 각각 다른 유전 정보를 내리고 그 명령에 따라 발현하여 서로 다른 단백질을 만들게 해서 여러 조직의 특성을 나타내게 한다는 것을 알아냈는데, 그것을 아주 쉽게 풀어서 설명하는 것이 어려워 필자의 마음이 아프다. 그러나 몇 가지 도움이 될 내용을 골라서 설명해보겠다.

제일 먼저 모든 체세포는 $2n$ 상태의 염색체로(사람은 $2n=46$개의 염색체) 핵 속에 똑같은 유전인자를 가지고 있다. 간, 위, 뇌, 손바닥을 구성하는 체세포들은 모두가 같은 유전인자를 가지고 있다. 최초의 복제양 돌리가 염색체가 $2n$으로 들어있는 어미 젖샘의 세포 하나에서 탄생했다는 것을 생각하면 이해가 빨라진다. 염색체를 구성하는 DNA의 부분부분이 1개의 유전인자로, 세포에 따라서 고유한 부위의 유전자만이 활성화하여 단백질과 효소를 만들고 그것이 그 조직 특유의 성질을 내는 것이다. 그 결과 간과 위가 하는 일의 내용이 다르고 특성이 다르다.

그리고 유전인자는 주위의 환경이나 화학적 물질의 영향을 받는데, 발생과정에서 한 조직을 잘라서 이식해보면 어떤 때는 이식된 곳에서 이식조직이 형성되어 다리가 6개인 개구리가 되는가 하면 똑같은 조건으로 발생 초기에 이식했을 때는 정상 동물이 되는 것을 보면 시기에 따라 어떤 화학물질이 유전자 발현을 조절하고 있다는 것을 알 수 있다.

또 대장에 사는 대장균에 우유의 락토오스를 넣어줬더니 보통 때는 없던 젖당을 분해하는 효소를 대장균이 만들어내기 시작했다고 한다. 이것은 생물이 환경에 적응한다는 의미로, 평소에는 일어나지 않았던 대장균의 효소 합성 부위의 유전인자가 활성화돼 대장균이 젖당 분해효소로 에너지를 얻으려는 것이다.

사람을 포함한 고등동물들에서도 이와 유사한 일이 헤아릴 수 없이 일어나는데, 특히 위기에 처했거나 다른 원인으로 호르몬이 과다하게 분비될 때 평소에는 작용하지 않던 유전자 부위가 작동한다. 바로 이것이 세포 단계에서 말하는 적응으로, 세포의 적응 없이 생물체의 적응이 없다고 본다면 결국 유전자의 적응이 생물의 적응이라는 것이다. 같은 유전인자도 조건에 따라 활성화되기도 하고 그렇지 않기도 하다는 뜻이다.

그런데 돌연변이 유전자는 다른 말로 하면 새로운 유전자가 만들어졌다는 의미다. 만일에 그것이 적응에 이로우면 대대로 이어져 신종도 만들어지겠지만, 만일 생존에 불리한 돌연변이라면 멸종의 원인이 될 수도 있다. 길고 긴 생물의 역사에서는 이렇게 신종 생성과 멸종이 반복되어왔는데, 그 핵심에는 유전인자가 있었다. 이런 현상이 성체에서도 일어나지만 연속되는 수많은 발생 단계에서도 일어나는 것을 생각한다면, 유전자의 이상 없이 정상 생물로 태어나는 것 자체가 참 어려운 일이 아닌가 싶다.

나는 사람의 손톱에서 머리카락이 나오지 않는 것을 신기하게 생각한다. 머리카락이나 손발톱은 모두 상피조직이 변한 것으로 케라틴이 주성분이며, 다른 조직들보다는 서로 성질이 비슷하다. 정상적인 손톱은 각질을 만드는 손톱 아래 세포들의 유전인자 중에서 손톱을 만드는 부위가 활성화되어 만들어지는 것이다. 그런데 여기에 반복하여 돌연변이 물질이 작용하고 손톱 밑 세포의 유전인자가 돌연변이를 일으켜서 머리카락을 만드는 염기배열 순서를 갖게 되면 손톱 대신 거기에서 센털이 나오게 될 것이다. 예가 좀 험악하고 공상적이기는 하지만 그런 것이, 그렇게 되는 것이 돌연변이다. 지금의 예가 육안으로도 알 수 있는 돌연변이였다면 대부분의 경우는 미시적이어서 쉽게 알지 못하는 생리적인 변화를 일으키는 돌연변이다.

초파리의 예를 하나 더 들어보자. 초파리만큼 생물학에 많이 기여한 동물도 없는데, 근래에는 대장균에게 자리를 양보하고 있으나 그래도 아직은 큰 몫을 하고 있다.

파리나 초파리는 뒷날개가 퇴화되어 평형곤(平衡棍)으로 변해서 날개가 2장밖에 없는 쌍시류(雙翅類)인데, 얄궂게도 평형

곤 자리에 다시 뒷날개가 생겨 4장의 날개를 갖는 돌연변이 초
파리가 재생되는 경우도 있다니 역진화를 하고 싶은 모양이다.
아마도 날개가 되느냐 혹 같은 평형곤이 되는가는 유전자 중에
서 간단한 DNA 염기의 차이에서 생긴 결과일 것이다.

초파리의 다른 이야기를 더 따라가 보자. 한 생물체의 머리,
가슴, 무릎, 뒤꼭지, 손가락 끝에 다 눈이 붙어있다면 어떤 일이
일어날까? 영화나 신화에나 나올 법한 이야기다. 그러나 요새
사람들은 요술이나 부리듯이 유전자 조작을 통해 괴물 초파리
를 만들어냈으니, 눈 옆과 다리, 날개, 더듬이 등에 14개의 또
다른 작은 눈이 붙은 놈이다. 발생하는 배(胚)에 눈을 만드는
데 관계하는 여러 벌의 유전인자를 집어넣어 만든 것으로, 눈
들이 완전한 시력을 발휘하지는 않았다고 한다.

여기에 연이은 실험이 있었는데, 초파리 눈 유전자를 제거한
후에 쥐의 것을 초파리 배에 넣었더니 쥐와 같은 단안이 아니
라 복안이 만들어졌다는 것이다. 초파리의 눈은 단안 8백여 개
가 모여서 된 복안인데 이 실험으로 봐서 쥐와 초파리의 눈 유
전자가 원래는 같은 조상에서 진화된 것이라고 추리할 수 있
다. 5억 년 전 바다 밑에 살던 벌레 무리의 눈이 조상의 눈이라
고 본다면, 결국 사람은 '큰 벌레'요, '큰 파리'에 지나지 않는 게
아닌가. 초파리와 사람의 눈을 만드는 유전인자는 같은 조상에
서 왔기에 DNA 염기배열이 아주 비슷하다.

유전인자가 비슷하면 유연관계가 가깝다는 말인데, 이를 근
거로 좀더 고약하고 괴팍한 짓을 했으니 생쥐 등에 사람 귀를

붙인 실험이다. 이 기괴한 실험은 1995년 미국의 어느 과학 잡지에서 '금년의 최고 성과'상에 뽑히기도 했다.

생쥐 등에 사람의 귀가 붙어있는 모양을 처음 보면 누구나 소름끼칠 것이다. 다른 동물의 몸 안팎에 사람의 기관을 키워서 그것을 사람에게 이식시킨다는 취지는 좋으나, 이것은 사람 능력의 한계를 넘은 게 아닌가 싶다. 조직공학법으로 귀를 만들어내듯이 유전공학법으로 처리한 사람의 유전자를 돼지에 넣어서 키운 다음, 그 기관을 다시 사람에게 이식하는 날도 멀지 않았다고 본다. 돼지의 이자에서 뽑아낸 인슐린(insulin)을 사람 몸에 주사해온 것은 벌써 오래된 일이라 돼지를 사람의 장기를 키우는 놈으로 택한 모양이다.

그런데 얼마 전 에이즈에 걸린 미국의 한 청년이 원숭이의 골수이식 수술을 받고 퇴원을 했다는 기사와 함께 원숭이뿐만 아니라 돼지의 장기도 이식할 때가 곧 온다고 대서특필한 기사를 본 적이 있다. 원숭이의 골수조직을 받은 그 청년은 동물의 골수를 사람한테 이식한 첫 번째 사례로, 그런 수술은 불가능하고 수술해도 곧 죽을 것이라는 예상을 깨고 퇴원까지 했다는데, 그렇다고 에이즈가 완치되는 것은 아니라고 한다. 어쨌든 생판 다른 원숭이 골수를 사람에게 이식했는데도 심한 거부반응이 없었다는 것은 의학계를 놀라게 할 만해 이 사건은 기적이라 표현됐다.

또한 영국의 어느 제약회사 경우에는 이미 돼지를 유전공학법으로 유전적인 구성을 바꿔놓아 돼지의 기관을 원숭이에게 이식하는 것은 이미 성공한 상태이고, 곧 사람에게도 시도하겠다고 한다. 자동차 타이어가 고장나면 예비 타이어로 갈아끼우듯이, 사람에게 탈이 나면 돼지 내장으로 척척 갈아넣게 된다는 것이다. 정말로 사람들은 못하는 짓이 없다.

그러나 가장 큰 걱정 중의 하나는 이들 동물들이 가지고 있는 세균이나 바이러스가 사람에게 전염되는 것을 어떻게 막느냐 하는 것이다. 이미 침팬지가 가지고 있던 HIV 바이러스가 사람한테 옮겨와서 에이즈라는 병을 일으키고 있다. 한마디로 동물의 병이 사람에게 감염되면 퇴치가 어렵다는 것이다. 그런가 하면 사람과 원숭이는 같은 영장류로 가까워서 전염이 되지만 돼지와 사람은 계통적으로 볼 때 너무 멀기에 돼지의 병균이 사람이라는 환경에서 살지 못할 것이므로 원숭이보다 돼지가 실험동물로 더 좋다는 주장도 있다.

인간은 자신들이 140년까지 살 수 있다고 보고 그 목표에 도달해보겠다고 별의별 짓을 다하고 있다. 실험한 것 중에서 섬뜩한 게 있으니 돼지의 자궁 속에 든 새끼 뇌를 떼내어 다친 사람의 머리에 집어넣어 봤다는 것이다. 그렇게 살아난 사람이 돼지구이를 먹어대는 꼴을 상상해봤는가 묻고 싶다.

그러나 한편으로 생각해보면 우리나라에서도 간, 심장, 눈 등 장기를 이식받아야 살 수 있는 사람은 많은데 기증하는 사람은 부족해서 수술을 받아보지도 못하고 죽어가는 사람이 많다고 하니 얼른 연구성과가 쏟아져나왔으면 싶기도 하다. 많은 나라에서 사람의 장기가 높은 값으로 밀매되고 있는 실정임을 감안

한다면 이 같은 실험에 돼지를 이용하는 것을 동물 애호가들도 눈감아 주어야 하지 않을까 싶다.

깊게는 아니지만 근래 생물학계에서 어떤 일이 일어나고 있는지를 몇 가지 예로써 살펴보았다. 부디 애써 이룩한 과학의 진보가 인류에 반하는 못된 일에 쓰이지 않기를 바란다.

추위와 더위 나기

　사람들이 계절에 맞게 살아갈 준비를 하는 것과 마찬가지로 계절에 따라 동식물의 차림새도 바뀐다. 가을을 천고마비의 계절이라 하는데, 어째서 말은 가을에 살이 찌는 것일까. 여기에도 다 이유가 있다. 한마디로 모질게도 차가운 엄동설한에 살아남기 위해 몸에 양분을 비축하는 것이다. 여기에서 기름이란 다른 말로는 지방이며, 이것은 탄수화물이나 단백질보다 훨씬 많은 열을 내기 때문에 저장물질로는 매우 효율적이다.

　그래서인지 지방을 많이 저장한 가을 고기들이 우리 입에도 맛이 나며, 추운 날에는 돼지비계 같은 지방을 많이 먹어 몸에 열이 나게 하는 것도 지혜로운 일이다. 살이 쪄서 피하지방이 두꺼운 사람들은 지방이 찬 기운을 막아주고, 더 추워지면 지방이 분해되어 많은 열을 내기에 겨울 추위가 두렵지 않다. 그렇지만 대신 여름 한철은 죽을 맛으로 지내야 한다.

　뭇 생물들은 꽁꽁 얼어붙은 대지에서 어떤 식으로 죽지 않고 멀쩡하게 겨울나기를 하는지 알아보자. 동물들도 극한(極寒)의 경우 세포 속에 당이나 아미노산, 글리세롤 같은 물질을 많이 저장함으로써 물이 잘 얼지 않거나 얼더라도 작은 얼음 알갱이로만 형성되게 하여 세포가 터지지 않도록 대비한다.

물이란 없어도 탈이지만 너무 많아도 문제니, 겨울에 얼어서 부피가 늘어나면 세포막을 파괴시켜 결국 세포를 죽인다. 때문에 얼어 터지지 않게 식물의 씨앗들은 물을 아주 적게 가지고 있다. 그래서 봉숭아 씨가 담 밑 가랑잎 속에서도 월동이 가능한 것이다.

추위에 가장 약한 1년생 식물들은 씨앗으로 겨울을 넘기고 다년생 초본은 뿌리로 그 한기를 이겨내는 것을 보면 그들의 월동전략이 얼마나 훌륭한가를 새삼 느끼게 된다. 생물들의 나중을 대비하는 '준비성'은 알아줘야 한다.

"겨울 화롯불은 어머니보다 낫다."라는 옛말을 생각하면 옛날에는 추운 겨울 보내기가 얼마나 힘들었나를 엿볼 수 있다. 저녁마다 소죽솥 아궁이에서 토막 숯과 솔가지 재를 모아 놋화로에 소담스럽게 퍼 담아 꼭꼭 눌러서는 할머니 앞에 놓아드렸던 때가 엊그제 같은데 어언 반세기가 지나 이젠 아련한 향수로만 남아있으니 참으로 세월이 무상하다.

겨울나기가 비단 사람뿐만 아니라 살아 숨 쉬는 놈들의 어려움이고 보면 춥고 더운 것 하나까지도 생물의 삶을 좌지우지하는 제한요소인 것이다. 같은 겨울을 강이나 바다처럼 물에 사는 놈들은 큰 어려움 없이 보내나 땅이나 공기 중에 사는 놈들은 정말로 심각하게 보낸다. 기온이 내려갈수록 대사기능이 떨어지고 0도에 접어들면 세포 자체가 얼어 터질 위험에 놓이게 된다. 한마디로 죽는다는 말이다.

동물은 등뼈가 있느냐 없느냐에 따라 척추동물과 무척추동물로 나누고, 온도 변화에 따라 체온이 일정한 정온동물과 체온이 바뀌는 변온동물로 나누는데, 이들을 온혈동물·냉혈동물로 부르기도 한다. 지구상에서 정온동물은 조류와 포유류뿐이고 나머지 동물들은 모두 수온이나 기온이 변할 때 체온도 바뀌는 변온동물이다. 따라서 추운 겨울날 주변을 살펴보면 눈에 띄는 동물은 모두 새 무리거나 포유류뿐이다. 이들은 체온을 일정하게 보존하기 위해 먹이를 계속 섭취하거나 그렇지 않으면 겨울잠을 잔다.

다람쥐·고슴도치·박쥐 들은 겨울잠을 자는데, 이때는 건드려도 꼼짝 않는다. 하지만 꿈을 꾸며 느긋하게 다리 뻗고 자는 것이 아니라 거의 초주검 상태에서 추위와 싸우고 있는 것이다. 결국 냉동실에 집어넣은 꼴의 비참한 겨울잠인 것이다. 이 중 다람쥐의 생리를 보자.

굴참나무 밑둥치 틈새에서 동면할 때 다람쥐는 평소에는 박쥐나 고슴도치처럼 1분에 2백 번 쉬던 숨을 4~5회 쉬고, 분당 1백50 회였던 심장 박동 수도 5회로 줄인 최악의 상태에서 생명만 겨우 부지한다.

그런데 겨울잠은 그저 추위를 이기기 위한 단순한 행위일까? 아니면 어떤 유전적인 주기성을 갖는 것일까?

한 학자가 월동의 생리 연구를 위해서 다람쥐 한배내기 새끼 다섯 마리를 잡아와서 그것들의 눈을 감기고(어둠과 밝음을 구별하지 못하게) 적당한 온도에서 먹이를 충분히 주면서 키웠다고 한다. 그런데 놀랍게도 칼바람이 불어 들판의 친구들이 월동 채비를 할 즈음 녀석들도 먹이를 거부하고 구석에 웅크린채 겨우살이를 하더라는 것이다. 이를 매년 주기적으로 반복했다고 하는데, 이것은 조상에게서 연년세세 내려온 유전인자가 그런 행위를 발현시킨 것 같다. 쉽게 말해서 몸 안에 맞춰진 시계가 있어서 일어나는 행동이라는 것이다. 밤 몇 시만 되면 잠이 오는 일주기나 다름이 없다. 다람쥐는 가을이면 열심히 먹이를 모아두지만 정작 겨울에는 거의 먹지 않기 때문에 봄이 되면 체중이 40~50퍼센트로 준다.

곰의 겨울잠은 약간 다른데, 이들 역시 여기저기 배회하는 대신 숲정이 나무등걸 아래 굴에서 몸을 움츠리고 가능한 한 움직임을 줄인다. 심장 박동도 분당 40회 이상 뛰던 것이 8~12회로 줄어드는데, 체온은 그나마 29도 정도에 머문다. 한 용감한 사나이가 겨울잠을 자는 곰의 굴에 들어가 곰 항문에 온도계를 넣어 체온을 쟀다니, 곰이 추위에 상당히 지쳐있었던가 보다.

여기서 사람의 체온 이야기를 사이에 끼워보자. 사람의 정상 체온은 36.5도이나 이는 몸 안의 온도일 뿐 몸 바깥쪽은 그보다 훨씬 낮아 귓바퀴나 코끝, 손발은 0도 이하까지 내려가며 간혹 동상에 걸리기도 한다. 동상은 피가 통하지 않아 일어나는데 세포 속의 물이 얼어 부피가 팽창해 세포막이 터져 상처를 입는 것으로, 최악의 경우에는 몸의 끝부분을 희생시켜서라도 몸통 부분의 중요한 생명기관은 살아남게 하려는 생리적 · 본능적인 현상이다. 같은 몸에서도 중요하고 덜 중요한 것을 구분하여 나눈다니 원래부터 인간은 용렬하기 짝이 없는 존재인가 보다.

사람이나 이들 정온동물들은 추위를 견디기 위해 여러 가지 장치로 생리적 반응을 일으킨다. 추우면 제일 먼저 몸을 움츠려 표면적을 줄여 열의 발산을 막으니 피부에 소름이 돋는 것이 그것이고, 근육을 떨어 저장된 글리코겐을 빨리 분해해서 열이 나게도 한다. "간이 떨린다."라는 말이 여기서 나온 것으로, 떪으로써 간에 저장해놓은 글리코겐을 분해해 몸 안에 열을 공급하는 것이다. 추운 겨울에 내복을 입지 않는 사람들이 많은데 그 때문에 그들은 남들보다 더 많은 음식을 먹어야 한다는 부담이 생긴다.

지금까지는 정온동물을 알아봤는데 변온동물인 지렁이, 달팽이, 개구리, 뱀 들은 어떻게 월동하고 있는지 들여다보자.

만물이 다 제자리가 있다고는 하지만 어쩌다 그들은 그곳에 생겨나 철새처럼 추위를 피해 멀리 도망도 못 가고 살던 자리를 조금도 못 옮긴 채 찬바람과 생사를 겨루는 것일까. 하기야 서해 낙도에서 겨울 바지락을 캐는 해풍에 검게 탄 할머니나 산골 회치장(변소)에서 잿가루로 똥을 치우는 할아버지도 이 벌레들과 다를 바 없으니 어디서 어떻게 살든지 생로병사, 이 사고(四苦)는 벗어날 수 없는 것인가 보다.

아무튼 한겨울이면 지렁이는 땅속 1미터 깊이에서 지열을 받으며 봄을 기다리고, 물개구리는 냇가 돌 밑에서 몬도카네들의 침입에 전전긍긍할 것이며, 참개구리는 강이나 호수의 진흙 밑에서 흙범벅이 되어선 배어드는 찬기에 등이 몹시도 시리겠고, 청개구리는 숲 속 층층이 쌓인 갈잎 속에서 푸석푸석한 흙의 온기를 느끼며 배시시 웃으며 봄소식을 기다리리라. 목숨이란 모질고 끈질긴 것이어서 뱀들은 들쥐들이 파놓은 양지바른 돌무덤 저 깊숙한 곳에서 떼를 지어 있으면서 체온을 나눌 것이다. 뱀은 땅굴을 팔 수가 없어 쥐가 파놓은 곳에서 겨울을 지내는데, 그것들이 무리 지어 있는 것은 서로 체온을 나누기보다는 봄이 되면 곧바로 가까이에서 짝을 찾는 데 더 큰 목적이 있다. 즉 뱀은 떼를 지어 월동하고 이른 봄에 바로 그 자리에서 교미를 하니 에너지를 절약할 수가 있다. 또 암컷들에게는 여러 마리의 수컷 중에서 건강한 유전인자를 가진 짝을 고를 수 있다는 큰 장점이 더해진다.

칼바람이 부는 겨울이면 개구리나 뱀, 달팽이 모두 가장 월동하기 좋은 곳에서 모여 지낸다. 그래서 땅꾼들이 뱀굴을 찾으면 자루로 담는다 하는 것이 필자 역시 같은 '꾼'으로서 자리 하나만 잘 찾으면 수십 마리의 달팽이를 한번에 쓸어담는다. 서릿발이 칼날 같은 추위에도 불구하고 채집을 나가는 것도 바로 이 재미 때문이다.

겨울만 오면 개미도 굴에서 거의 빈사상태로 지내며, 인간에게 꿀을 빼앗긴 꿀벌도 허리를 움켜쥐고 배고픔을 참는다. 이래서 겨울은 잔인한 계절인가 보다.

겨울에 대죽순을 찾는 일이 그렇듯, 여름 하루살이에게 겨울 이야기를 해도 말이 통할 리 없다. 그러나 생물들의 겨울나기를 설명하면서 여름나기의 어려움 또한 엿보고 넘어가지 않을 수 없다.

여름은 높은 온도도 문제려니와 가뭄에 따른 건조함 또한 문제라, 이런 때 동물들은 겨울과 매한가지로 땅속으로 들어가 서늘하고 촉촉한 흙에서 활동을 중지한 채 무서운 더위를 피해 여름잠을 잔다.

달팽이는 몸에서 수분이 날아가 건조해지는 것을 막기 위해 점액을 분비하는데 희게 굳는 이 점액을 껍데기 입구에 쳐서 죽은 듯이 한여름을 지낸다. 그러다가 소낙비라도 뿌리는 날이면 침으로 막을 녹이고 몸뚱이를 쑥 내민 후 먹이를 찾거나 짝짓기에 몰입한다.

장장하일(長長夏日), 머리털이 벗겨질 만큼 뙤약볕이 내리쬐는 한낮에는 동물들이 '쥐구멍'을 찾아 숨는 것은 물론이요, 식물조차 낮잠을 즐기면서 광합성을 하지 않는다고 한다. 너무 높은 온도에서는 효소들이 기능을 멈춰 화학반응이 일어나지 않기 때문이다. 광합성에는 원반 모양의 엽록체가 중요한 몫을 하는데, 이것들도 빛이 강하면 세포 속에서 빛을 피해 숨바꼭질을 한다니 빛은 꼭 필요한 것이나 너무 세면 그것도 문제다.

어쨌거나 겨울은 겨울대로 여름은 여름대로 생물들에게는 편하지 않으니, 언제나 팽팽한 긴장감을 놓을 수 없는 것이 삶이다.

미기후(微氣候)에 대해 더 설명해둔다. 미기후란 말 그대로 시간과 장소에 따라 온도나 습도가 다르다는 뜻으로 응달과 양달이 다르고 바람이 부는 쪽과 그렇지 않은 쪽이 다르며 눈이 왔을 때 눈 속의 온도와 밖의 기온이 크게 다르다는 것이다. 생물들은 이 점을 교묘하게 이용할 줄 안다. 한 예로 그해 겨울에 눈이 많았다면 분명히 보리농사는 풍작일 것으로 미루어 짐작하는데, 눈이 보리의 뿌리를 덮어주었기에 그렇다는 것이다. 아마도 이런 미기후의 장점을 잘 써먹는 생물들이 이 땅에 잘 적응해왔다고 봐야 하겠다.

생존을 위한 몸부림, 동식물의 화학무기

몇십만 년 전 아프리카 케냐의 언덕 골짜기에는 현 인류의 조상들이 살고 있었다. 그들은 옷은 물론이고 무화과 나뭇잎 하나도 걸치지 않은 채 살았으며, 불은커녕 돌도 다듬어 쓸 줄 모르는 말 그대로 원시인이었다. 그런데 무슨 수로 포악한 사자한테 잡아먹히지 않고 살아남을 수 있었을까? 낮에는 돌팔매질을 하거나 나뭇가지를 휘둘러 쫓아버렸다고 해도 동굴 속에서 잠을 자야 하는 밤에는 어떻게 무사할 수 있었을까?

학자들은 가시나무가 놓인 길은 피해서 돌아가는 맹수의 습성을 이용했을 것이라고 추측했다. 그러나 다른 가설을 내놓은 학자들도 있다. 즉 동굴 속에 옹기종기 모여 잠자는 사람들을 잡아먹으러 몰려온 짐승들이 사람 몸에서 나는 냄새, 역하고 독한 체취에 굴 입구에서 킁킁, 쿵쿵 콧소리를 내면서 발길을 돌렸을 것이라고 상상하는 것이다. 땀에 섞인 과일 냄새에 가까운 에스테르(ester) 물질과 지방산이 분해된 부티르산의 역한 냄새에다 인돌(indole), 스카톨(scatole), 황화수소(H_2S) 등이 혼합된 사람의 몸 냄새, 방귀 냄새가 짐승들을 쫓아냈을 것이란 것이다. 만약 이것이 사실이라면 사람의 몸 냄새는 종족 보존에 지대한 역할을 해냈음이 틀림없다. 즉 사람의 몸 냄새가 다른 동물을 구역질 나게 만든다는 사실은 몸 냄새 자체가 훌륭한 방어용 화학무기였음을 보여준다.

사람은 그렇다 치고 방귀로 유명한 스컹크는 그 어떤 종보다도 확실한 방어 무기를 가지고 있는 동물이다. 세계적으로 11종이 살고 있으나 우리나라에는 살지 않기 때문에 필자는 그 대단한 냄새를 한 번도 맡아보지 못했다.

스컹크는 다른 동물이 가까이 가면 경계의 표시로 앞다리를 치켜들고 곧추서는데, 조금만 더 자극을 주면 갑자기 뒤돌아서서 엉덩이를 들어 지독한 냄새가 나는 누르스름한 액을 분사한다. 이 독가스는 3~4미터까지도 날아간다고 한다. 장난기 많은 학자들은 그것에 사람의 방귀와 비슷한 티올(thiol), 에스테르 화합물에 탄산, 스카톨, 인돌 성분이 들어있음을 밝혀냈다. 이 액체가 다른 동물의 눈에 들어가면 일시적으로 눈이 어두워져 공격할 수 없게 된다.

스컹크와 비슷한 경우로 습진 응달에 사는 쥐며느리가 있다. 쥐며느리는 만델로니트릴(mandelonitrile)이라는 물질이 든 샘을 가지고 있는데 적이 위협하면 여기에 효소가 작용해 자극성 물질인 벤즈알데히드(benzaldehyde)와 독가스인 시안화수소(hydrogen cyanide)가 만들어져 방출된다. 쥐며느리 한 마리가 쥐 한 마리를 죽이기에 충분한 양의 시안화수소를 만들 수 있다니, 엄청난 위력임에 틀림없다.

어느 생물이나 제 몸을 방어하기 위한 물리적·화학적 무기는 다 가지고 있다. 동물들의 예리한 이빨, 힘센 뒷다리와 뿔은 식물의 잎 가장자리에 나 있는 톱니 같은 거치(鋸齒), 줄기의 가시, 잎의 솜털 등의 물리적인 방어장치와 비교될 수 있다.

사람이 흘리는 침, 눈물, 콧물만 해도 단순한 외분비물이 아니다. 모두가 뮤신(mucin)이라는 항세균물질을 가지고 있어서 세균을 죽이는 역할을 하며, 실제로 침은 지네까지도 맥을 못 추게 한다. 또한 위액은 강한 산성으로, 소화에 관여하는 것말고도 내장으로 들어온 세균이나 곰팡이 등을 살균하기도 한다.

이번에는 동물들의 독에 대해 소상하게 살펴보자. 동물의 독은 포식자에게 먹히지 않으려는 방어수단 또는 먹이를 포식하기 위한 화학무기로 사용되며, 대부분 신경을 마비시키거나 적혈구 안의 헤모글로빈을 혈구 밖으로 빠져나오게 하는 용혈작용을 일으킨다. 가장 많이 연구·분석되어 있는 것이 꿀벌의 독성분인데, 알려진 것만 해도 멜리틴(melittine), 히스타민(histamine), 세로토닌(serotonin), 인지질분해효소, 가수분해효소 등이 있다. 이러한 물질들은 상대방의 체내에서 알레르기를 일으켜 심하면 생명을 위협할 수도 있다.

뱀의 독도 벌의 독성분과 매우 유사하고, 양서류인 두꺼비는 귀 뒤에 있는 귀샘에서 부포톡신(bufotoxin)을 분비하는데, 여기에는 심장을 다치게 하는 부파긴(bufagin), 환각현상을 일으키는 부포테닌(bufotenin), 혈관을 수축시키는 세로토닌 등의 물질이 들어 있다. 두꺼비를 항아리에 집어넣고 작대기로 등을 내리치는 등의 자극을 주면 귀샘에서 하얀 액이 나오는데, 이것이 바로 부포톡신이다. 이것은 한방에서 순환계 관련 질병의 치료제로도 쓰여 독으로 독을 제압하는 이독제독(以毒制毒) 기능을 한다. 참고로 부포(bufo)는 두꺼비의 속명(屬名)에서 따온 것이고, 톡신(toxin)은 독이라는 뜻이다. 또한 무당개구리의 살갗에서도 바트라코톡신(batrachotoxin), 세로토닌, 히스타민이 분비되는데, 부포톡신과 유사한 작용을 한다.

물에 사는 동물들도 하나같이 방어물질을 가지고 있다. 복어의 알이나 내장에 많은 테트로도톡신(tetrodotoxin)은 한 번 복어를 먹은 포식자가 다시는 곁에 얼씬도 못하게 할 정도로 독하며, 물론 사람에게도 치명적이다.

바다 고둥 무리가 가지고 있는 테트라민(tetramine)과 시구아톡신(ciguatoxin)도 복통과 설사를 일으키고, 밤배의 전깃불이 왔다 갔다 또는 커졌다 작아졌다 하는 환각현상에 시달리게 한다. 해파리한테 쏘이면 무척 아픈데 이것도 테트라민계의 물질 때문으로, 어떤 해파리는 심장에 손상을 입히는 카디톡신(carditoxin)도 가지고 있다.

이런 이야기는 사람을 기준으로 한 것이고 실제 동물 사이에서는 독이 훨씬 더 치명적일 수도 있다. 하나는 포식자로 잡아먹으려 하고 또 다른 것은 어떻게 해서라도 먹히지 않으려고 독성물질을 계속하여 새로 개발하여 절체절명의 국면에 놓이기 때문이다. 짐노디듐(gymnodium), 녹티루카(noctiluca) 같은 단세포 원생생물도 독을 가지고 있어서 그것을 먹은 홍합이나 진

주담치를 사람이 먹으면 토사곽란을 일으키는데, 이는 삭시톡
신(saxitoxin)과 같은 독성물질 때문이다.

이제는 식물의 세계로 들어가 보자. 여기에도 사람을 놀라게
하는 기기묘묘한 일이 많다. 동물들이 소변이나 분뇨 또는 몸
에서 분비되는 물질로 자기의 영역을 정해놓는 것처럼 식물도
비슷한 짓을 한다.

"거목 밑에 잔솔 못 자란다."라는 말이 있다. 훌륭한 부모를
둔 자식이 도리어 부모에 치어서 잘 되지 못한다는 것을 비유
한 말이지만, 실제로 거목 밑에서 잔솔이 크기란 매우 어렵다.
큰 소나무를 베고 나면 어느새 수많은 애솔이 싹을 틔우는 것
을 볼 수 있는데, 그동안은 큰 소나무의 그림자 때문에 잘 자라
지 못했던 것일까? 식물의 씨가 싹트는 데는 햇빛이 필요 없으
므로 결코 그런 것이 아니다. 그 이유는, 큰 나무가 살아있을
때 뿌리에서 화학물질을 분비하여 다른 씨의 발아를 억제하기
때문으로, 식물의 세계도 찔러도 피 한방울 안 나오는 매정한
세계라 하겠다.

소나무 밑에는 새끼 솔말고도 다른 식물도 거의 자라지 못한
다. 이 역시 이미 자리를 잡은 나무의 뿌리에서 일정한 영역 안
에서는 다른 식물이 자라지 못하도록 갈로탄닌이라는 물질을
분비하기 때문인데, 이와 같은 식물들 사이의 저항관계를 알렐
로파시라고 한다. 송진의 테르펜스(terpens) 같은 물질은 병원균
의 침입을 막고 다른 식물의 접근을 막아내는데, 식물도 동물
과 같이 일정한 공간을 차지하려는 것이다. 그래야 뿌리에서

물과 양분을, 잎에서는 충분한 햇볕을 받을 수 있기 때문이다. 또 나무가 상처를 입으면 사람의 피와 유사한 기능을 하는 것이 흘러나와 굳어서 세균이나 바이러스의 침투를 막아낸다. 여기에서는 소나무의 예를 들었을 뿐이지만 다른 풀과 나무들도 비슷한 자기방어를 한다.

상처 이야기가 나와서 말인데 식물들은 상처가 생기면 곧바로 상처 부위에 송진 같은 진을 분비한다. 막 잔디를 베면 평소에 나지 않던 풋풋한 향기가 나는데, 이것이 바로 방어물질의 냄새다.

식물이 무슨 신경이 있기에 자극을 받거나 다치면 냄새를 풍기는 것일까? 화분에 키우는 제라늄은 보통 때는 고약한 냄새를 풍기지 않으나 손을 대면 즉각 독가스를 뿜어낸다. 저를 뜯어 먹으러 벌레가 침입하는 것을 막기 위한 반응이다.

잘 알다시피 마늘이나 양파도 가만히 두면 절대로 독한 냄새를 내지 않으나 껍질을 벗기거나 칼로 자르면 곧바로 우리의 눈물주머니가 열리게 만든다. 세포 속의 알린(allin)이란 물질이 알리나제(allinase)라는 효소의 도움을 받아 알리신(allicin)으로 바뀌면서 뿜어져나오기 때문인데, 그것이 마늘·양파·파·부추·달래 등의 향인 셈이다. 사람에게 매울 정도니 다른 세균 바이러스에도 항균 작용이 있음은 물론이다. 식물들이 어떻게 이렇게 예민한 반응을 보이는가 싶은 게, 정말 놀랍다.

이것보다 더 절묘한 식물의 방어 체계가 있다. 아프리카 사막을 스쳐 지나간 풀무치 떼가 오직 한 종의 풀은 먹지 않는다고 하는데, 그것이 바로 아유가레모탄[*Ajugaremota*]라는 것이다. 왜 그런지를 알아내기 위해 이 식물의 즙을 내어 다른 곤충들에게 먹였더니 애벌레의 입이 막혀버리는 등 비정상적인 발생을 하더라고 한다. 그렇다면 풀무치의 혓바닥은 어떻게 그런 사실을 알고 있었을까? 참으로 신기한 일이다. 식물은 곤충에게 먹히지 않으려고 독성물질을 생성하고, 또 곤충에게 먹히더라도 곤충의 알이 유생이나 번데기가 되지 못하게 한다니 말이다.

더 지혜로운 식물들도 많다. 사릭스[*Salix*] 무리의 버드나무는 곤충의 침입을 받으면 갑자기 영양상태를 떨어뜨려 맛이 없도록 만들어서 벌레들이 스스로 먹기를 포기하도록 하여 자신을 보호한다. 또 박주가리 무리는 흰 즙을 가지고 있는데, 거기에는 동물의 심장을 마비시키는 카데노리드(cardenolide)라는 독극물질이 포함되어있어서 벌레는 물론이고 쥐도 먹고는 혼쭐난다고 한다. 그러나 이런 박주가리를 먹어대는 곤충은 반드시 있으니, 이런 것이 자연의 조화라 하겠다.

눈에는 보이지 않지만 자신을 지켜내려는 노력은 미생물도 만만찮다. 버섯은 우리가 눈으로 볼 수 있게 크지만 분류상으로는 곰팡으로, 세균과 함께 '미생물'에 포함된다. 버섯 또한 식용이 아닌 것은 사람에게 치명적이다. 무스카린(muscarine), 아마니틴(amanitine), 지로미트린(gyromitrin) 같은 독성분은 색이 고운 독버섯에 많은데, 이런 독버섯을 뜯어 먹는 민달팽이들은 끄떡도 않는 것을 보면 민달팽이의 해독기능이 얼마나 발달했는지 놀라울 뿐이다. 동식물 간에 먹고 먹힘이 서로 일정하게 정해져있다는 것을 보여주는 대목이기도 하다.

곰팡이들도 있는 독소에는 아플라톡신(aflatoxin), 에르고톡신(ergotoxin) 등의 독소를 가지고 있는데, 이들의 독성도 버섯에 버금간다. 그러나 이런 독들도 약이 되는 항생제로 다시 태어날 수 있으니, 항생제는 한마디로 곰팡이나 세균들이 자기를 보호하거나 다른 세균을 죽이기 위해서 분비하는 화학물질이다. 이런 물질들은 세포막의 형성을 방해하거나 효소기능을 억제시켜 물질대사를 못하게 하여 상대를 죽인다. 사람들은 이러한 미생물을 배지에서 대량 배양하여 그들에게서 페니실린(penicillin), 스트렙토마이신(streptomycin), 크로모마이신(chromomycin) 등의 항생제를 얻어서 약으로 이용한다.

최초의 항생제는 1929년 플레밍이 페니실리움 노타툼[*Penicillium notatum*]에서 페니실린을 뽑아낸 것이다. 이는 하나의 혁명적인 대업으로 인류의 건강에 크게 공헌했다. 항생제는 곰팡이와 함께 세균에서도 얻어낸다. 1943년에는 스트렙토미케스 그리세우스[*Streptomyces griseus*]라는 토양세균에서 스트렙토마이신을 추출하는 데 성공했다. 5백 종이 넘는 토양세균은 흙이나 물에서 낙엽을 썩히고 유기물을 분해시켜 땅을 기름지게 하는데, 향긋한 흙냄새는 바로 이 세균 때문에 나는 것이다.

애옥살이하던 어린 목동 시절, 낫에 손이 베이면 상처에 흙을 듬뿍 뿌렸던 기억이 나는데, 아마도 원시적인 항생제 치료를 했던 것이 아닌가 싶다. 흙에는 미생물들이 만들어놓은 항생제가 들어있었으니 치료 효과가 있겠지만, 만약에 파상균이라도 들어가면 손을 잘라야 했던 위험한 치료였다.

이렇듯 모든 생물들은 생존하기 위해서 나름대로 악랄하고 기묘한 화학적인 방어 체계를 가지고 있다. 사람이나 그들 생명체가 지니고 있는 자기 방어, 보존의 본능을 보여주는 실례들이라 하겠다.

2부 생물의 모듬살이

죽어서도 한입 가득 머금어야 할 쌀

빈자소인(貧者小人)이란 말처럼 가난한 사람은 스스로 마음이 좁아져 못난 사람이 되기 쉬운데, 그래서 옛말에 "광에서 인심 난다."라고 하지 않았던가. 이처럼 사람이 살아가는 데 가장 기본적으로 필요한 것이 먹을 것인데, 그중에서도 우리는 쌀을 주식으로 하는 민족이다. 여기에서는 하루도 거르지 않고 먹게 되는, 그래서 한 사람이 1년에 1백 킬로그램 가까이 소비하는 쌀에 대해 알아보자.

벼의 경작지는 세계적으로 북위 53도(아무르 강)에서 남위 40도(아르헨티나)까지 광범위한데, 벼는 네팔 고원지대는 물론이고 이집트나 파키스탄의 건조한 지역에서까지 넓게 재배되고 있다.

지금까지 전 세계에서 모은 벼의 품종은 1만 2천여 종에 이르는데, 그중에서 야생종은 1천1백여 종밖에 남지 않아 야생종의 보존이 시급한 상황이다. 대부분이 생태가 바뀌어 생긴 일종의 생태종이거나 인간이 관여한 변종인 것이다. 여기에서 인간이 관여했다는 것은 벼끼리 교잡, 분리했거나 돌연변이를 일으킨 것을 말한다.

어쨌거나 '영원히 잃어버릴지 모르는 옥 같은 벼의 유전자'를 모아두기 위해서 각 나라는 농부, 학생, 과학자, 군인을 동원하여 야생종을 수집하고 나라끼리 씨앗 교환도 하고 있다. 이를 통해 야생종의 보존은 물론이고 그 야생종이 갖는 곤충이나 병에 대한 저항성 인자, 냉해에 강한 다수확 인자를 찾아내어 품종개량에 이용하려는 것이다. 모든 개량품종은 야생종에서 만들어진 것으로, 다시 말해서 개량종은 '어머니'인 야생종에서 태어난 것이니 야생종의 중요성이 강조되는 것이다.

벼의 생장과 관련하여 "말복, 처서 무렵에는 벼 크는 소리에 개가 놀란다."라는 말이 있다. 벼가 얼마나 빠르게 쑥쑥 자라기에 그 소리에 개가 다 놀란단 말인가. 가난에 찌들어 못 먹고 못 살아도 마음은 항상 살쪄있던 우리 조상님네들의 여유와 해학을 이런 말에서 새롭게 느끼게 된다. 또 이 말에는 벼는 짧은 기간에 빨리 자라 수확이 가능한 곡물이라는 의미도 들어있다.

벼 중에는 밭에서 키우는 밭벼도 있으나 그것은 소출이 적어 요새는 잘 심지 않고 대부분 무논에 심는데, 벼는 보통 5~10센티미터 깊이로 물을 대고 개구리가 들어갔다가 뜨거워 튀어나올 만큼 데워져야 잘 자란다. 그런 진흙 구덩이에 파묻혀있는 벼 뿌리는 어떻게 숨을 쉬는 것일까. 식물도 사람과 같아서 산소가 없으면 세포가 죽어버리는데, 벼 뿌리가 호흡할 수 있는 것은 줄기에서 공급되는 산소 때문이다.

공기가 볏잎의 기공으로 들어가 속이 비어있는 볏대를 거쳐 뿌리까지 들어간다는 것인데, 연이나 가래 등 수생식물의 줄기 안이 비어있어 공기가 저장되는 것은 다 뿌리에 공기를 전해주기 위함이다. 벼가 물에 오래 잠겨있어도 줄기의 일부만 공기에 노출되어있으면 살아남을 수 있는 것도 그런 이유 때문이다. 벼는 공기 이동이 보릿대보다는 10배, 옥수수보다는 4배나 더 빠르다고 한다.

태국에는 깊은 물에 잠겨서도 잘 사는 벼가 있는데 이 벼는 1.5~5미터 밑에 뿌리를 박고 살다가 갑자기 물이 불어나면 하루에 25센티미터까지도 자란다고 하니 보기 드문 별종이라 하겠다. 물이 얕아지면 줄기를 짧게도 조절한다고 하니 그런 신통력이 어디서 나오는지 모르겠다.

다른 식물들도 그렇듯이 벼도 처음에는 영양기관인 잎, 뿌리, 줄기를 왕창 키워놓고 마지막에 가서 생식기관인 꽃을 피워 자가수분을 하여 재빠르게 물알(아직 여물지 않아 물기가 많고 말랑한 곡식의 알)을 여물게 한다. 거의 모든 식물이 제 꽃가루받이를 피하는 생리를 갖는 데 비해 벼는 자가수분을 마다하지 않는다. 개화까지 걸리는 기간이 열대지방은 25일, 온대지방은 35일 정도인데, 이때는 일조량이 매우 중요한 시기다. "처서에 비가 오면 독 안의 곡식이 준다."라는 말은 바로 이때 벼가 수정되고 씨앗이 익어간다는 것이다. 여기서 우리가 먹는 쌀알에 든 에너지가 바로 태양에너지라는 것을 알 수 있다.

비료 한 톨 없고 농약, 제초제가 없던 옛날에도 1헥타르(1만 평방미터)에서 1.5톤 정도의 벼를 수확할 수 있었는데, 이 또한 벼의 남다른 요술 때문이다(일본에서 13.2톤을 거둬들인 것이 최고 기록). 어릴 때 '퇴비 증산' 하느라 필자도 땀깨나 흘려봤는데 요새는 그것 없이 비료만 뿌려 농사를 짓는데 정말로 땅한테 미안한 생각이 든다.

어쨌거나 비료 성분 중에도 질소가 문제인데 벼 뿌리에는 질소고정을 하는 박테리아와 녹조류 외에도 식물과 녹조류가 공생을 하는 아졸래(Azolla)라는 것들이 살고 있어서 그것들이 죽어 분해될 때 벼는 질소 성분을 쉽게 얻을 수 있다.

대기의 78퍼센트가 질소지만 식물은 이것을 직접 사용하지 못한다. 콩과식물의 뿌리 속에 혹을 만들어 사는 뿌리혹박테리아나 시아노박테리아 등 몇 가지만이 대기 질소를 이용 가능한 암모늄 상태로 만들어 질소고정을 할 수가 있다. 그러나 머리가 좋은 사람들이 이 유리 질소를 고정하여 유안비료를 만드니 이것이 비료 공장이다. 인간이 이 정도로 먹고사는 것은 바로 이 질소 비료 덕인데, 아무튼 벼는 뿌리에 이런 비료 공장을 이미 가지고 있다는 것이 아닌가.

다음으로 벼의 품종개량법에 대해 알아보도록 하자.

다 알다시피 암말과 수나귀가 교배하면 그 사이에 노새가 태어나는데, 크기는 말만 하고 꼴은 나귀를 빼닮은 이 노새놈은 아무거나 잘 먹고 힘도 세고 병에도 강하다. 이처럼 다른 종과 교배하여 낳은 새끼가 여러모로 강한 것을 잡종강세라고 하는데 여기에도 흠이 있으니, 노새는 새끼를 낳지 못한다는 것이다.

즉 잡종 강세법은 잡종 제1대(F_1)만 쓸모 있는 것으로, 우리가 배추 씨나 무 씨를 매년 사서 심어야 하는 이유도 같은 원리이다. 두 품종을 교배하여 만든 것이기 때문에 씨를 받아 계속해서 심으면 형편없는 야생종인 '아비, 어미'꼴로 바뀌어간다.

그러면 벼의 품종개량은 어떻게 하는 것일까? 1960년에 미국의 갑부 포드와 카네기가 돈을 대어 필리핀에 '국제쌀연구소'를 만들었고 이곳의 힘을 빌려 우리나라도 '기적의 쌀'인 통일벼를 얻게 되었다. 이 벼는 '난쟁이'라 잘 쓰러지지 않고 수확량도 많으며 성장기도 짧아 대만 같은 나라에서는 3모작도 했고 이런 이유로 한때 크게 각광받았으나 냉해에 약하다는 결점에다 밥맛도 좋지 않아 이제는 우리나라에서는 아예 퇴출당하고 말았다.

그 뒤에 병과 곤충에 강한 IR36이라는 품종을 만들어냈는데 이것은 무려 13품종을 교배한 것으로, 앞의 통일벼와 인디카에 속하는 야생종인 오리자 니바래(Oryza nivara)의 특성도 포함하고 있다. 70국의 8백 명이 넘는 과학자들이 1년에 최소한 7천 가지 이상의 교배 실험을 하고 있으니, 모두가 다수확에 병과 곤충에 강한 벼 품종을 얻자는 데 그 목적이 있다. 벼는 여러 품종의 좋은 점을 섞는 교잡법으로 신품종을 개발한다.

이젠 이런 교잡법 외에도 최신 과학 지식을 총동원하여 '좋은 벼' 만들기를 하고 있다. 첫째로, 지금까지는 보통 새로운 품종 하나를 얻기 위해서 10대가 걸렸는데 염색체 수가 반인 반수체 식물에서는 3대면 얻을 수 있어서 반수체 식물 얻기에 열을 올리고 있다. 둘째로, 질소고정 유전자를 벼에 집어넣어 따

로 비료를 주지 않아도 잘 자라는 품종을 만들려는 당찬 실험
을 하고 있다. 그리고 셋째로, 조직배양 기술로 돌연변이체를
유발시켜 염도에 강하다거나 건조한 곳에서도 자랄 수 있는 품
종개발에 노력을 쏟고 있다. 쌀 한 톨에 숨은 비밀이 이렇게도
많다.

노력 없이 얻는 게 무엇이던가. 불철주야 고생하는 고마운
육종 학자들께 따뜻한 격려를 보내며, 태어나선 미음으로 나를
키우고 죽어서도 한입 가득 머금고 가야 할 쌀에 대해 새삼 고
마움을 느끼게 된다. 우리 나락 만세! 만만세!

곤충의 산아제한

이 지구에서 베풂에 인색한 인간이라는 이기적 동물과 맞부 딪쳐 싸우는 '인간의 적'은 어떤 동물일까. 가만히 생각해보면 사람과 박이 터져라 먹이다툼질을 하는 생물은 다름 아닌 곤충 들이다. 논이나 밭, 과수원에 뿌려대는 저 많은 농약은 사람이 곤충에게 쏘아대는 핵탄두가 아닌가. 곤충은 곡식이나 채소, 과일을 뜯어 먹으려 달려들고 사람은 별의별 무기를 개발하여 곡식과 과일이 익을 때까지 여러 번 쏟아 부어 그것들을 죽이니, 농약중독이라는 아군의 피해도 막대한데도 싸움은 쉴 새 없이 계속되고 있다. 곤충은 땅, 흙 속, 강, 바다, 공중 어느 곳에나 적응하여 살고 있으니 가공할 생명력을 지닌 생물이다.

여기서는 곤충 중에서도 딱정벌레 한 종을 살펴보도록 하자.

딱정벌레를 갑충이라고도 하며 영어로는 비틀(beetle)이라 하는데, 독일 자동차 폭스바겐의 다른 이름이 비틀로 그 모습은 영락없이 무당벌레를 확대한 꼴이다. 딱정벌레라는 이름에서 '딱정'은 '딱정이'에서 따온 말인데, 그것의 표준어는 '딱지'로 딱딱하다는 의미다. 코딱지·금딱지 시계·게나 거북의 등딱지·놀이 딱지에도 모두 야무지다는 뜻이 들어있으니, 딱정벌레도 겉 날개는 딱딱한 딱지로 덮여있는 것이 특징이다. 무당벌레, 풍뎅이, 쇠똥구리, 반딧불이, 길앞잡이, 사슴벌레 등이 모두 이처럼 겉 날개가 딱딱한 갑충들이다.

그런데 이것들은 식성이 제각각이라 풀잎이나 썩은 나무를 먹고사는 놈이 있는가 하면, 다른 곤충을 잡아먹고 사는 육식성도 있다. 여기에서 소개할 이야기의 주인공은 미국 서부에 살고 있는 꼬마 딱정으로, 몸길이가 6밀리미터에 불과하지만 여러 마리가 달려들어 구멍을 파면 키가 90미터나 되는 무성한 전나무를 한 방에 박살낸다고 한다. 미국전나무딱정벌레[*Dendroctonus pseudotsugae*]라고 불리는 이 곤충은 지구에 살고 있는 30여 만 갑충 가운데 한 종인데, 이놈들에 대해서는 미국 전나무의 해충이라는 점에서 많은 관찰과 연구가 되어왔다.

곤충들의 의사소통 방법은 종 수가 많은 만큼 다양해서 매미나 귀뚜라미는 소리로 구애하고, 반딧불이는 빛으로, 나방이나 딱정벌레는 화학물질인 페로몬으로 적의 공격이나 먹이가 있음을 알린다.

미국전나무딱정벌레는 겨울을 나무껍질 밑에서 지내고 봄이 오면 주로 건강상태가 좋지 못한 나무로 수천 마리씩 떼를 지어 날아가 암놈들이 나무에 구멍을 파고 들어가기 시작한다. 그리고 암놈은 굴 안쪽에 알 낳을 방을 만들어놓고 페로몬을 분비하여 수놈을 유인하여 교미한 뒤 그 자리에 산란한다. 알에서 깨어난 애벌레는 어미가 썰어놓은 나무 부스러기를 먹고 커서 번데기가 되어 거기서 월동하고 다음 해에 성충이 되어 날개를 달고 나온다. 이렇게 번데기가 날개 있는 성충이 되는 과정을 우화(羽化)라고 한다.

암수가 분비하는 페로몬은 주로 메틸사이크로헥시논(methlycyolohexinone)이라는 물질로, 창자 끝 후장(後腸)에서 분비된다. 앞에서도 말했듯이 이놈들은 냄새로 말을 하니, 암수는 제가 있는 자리를 알리거나 상대방을 성적으로 흥분시킬 때, 적이 온다는 것을 알릴 때도 페로몬을 뿜어내고, 수놈끼리 싸울 때나 스트레스를 받을 때도 페로몬을 분비한다.

그런데 암놈은 거기에 하나 덧붙여 꼬리 부분에 솟아있는 돌기에 날개를 문질러 "찍찍―" 하는 소리를 내는데, 그 소리는 굴 입구로 찾아온 수놈에게 자신의 위치를 알리는 것이다. 만약에 암놈이 들어있는 굴을 두 마리의 수놈이 동시에 알아챘을 때는 불꽃 튀는 싸움이 벌어지니, 두 대의 탱크가 부딪치듯이 으르렁거리지만 보통은 먼저 온 놈이 이긴다고 한다. 여기서도 일종의 텃세가 작용하는 셈이다. 암놈은 절대로 어느 쪽을 홀대하거나 편들지 않고 오직 씨 좋은 '승자'를 받아들인다.

이야기를 앞으로 돌려, 암놈이 나무줄기에 구멍을 낼 때 나무의 물관에서 송진이 나오면 암놈은 산란방을 만들어보지도 못하고 송진이 묻어 죽게 된다. 호박(琥珀) 속의 곤충처럼 말이다. 그런데 이런 미물들도 다 사는 기지가 있어 암놈 등에 묻어 있는 곰팡이가 나무의 송진 분비관을 막아 송진을 굳게 하고 나무 속을 썩혀 유생의 먹이가 되도록 하니 참 이들의 생존전략이 오묘하다. 몸에 곰팡이를 많이 묻히고 있어서 죽음을 면한다니 말이다.

송진은 나무의 방어 무기로, 소나무나 잣나무에 상처가 나면 흘러나와 곰팡이가 아니더라도 굳어져 상처 구멍을 막아 세균·곰팡이·바이러스의 침입을 막고, 딱정벌레나 그 애벌레, 번데기한테도 독이 되는 것이다. 송진에는 테르펜, 캄펜(camphene), 리모넨(limonene), 알파 피넨(alpha pinene)과 같은 휘발성 물질이 있는데, 이 냄새를 맡고 귀신같이 전나무딱정벌레가 몰려든다.

여기에 또 의외의 사건이 벌어진다. 굴 안에서 만난 초면의 암수가 다정하게 애무를 하는 게 아니라 만나자마자 격렬하게 밀고 당기기를 계속하면서 싸움에 가까운 힘자랑을 한다. 참 묘한 생명체들의 행동이 아닌가. 수놈은 암놈이 얼마나 튼튼하고 다산성인가를 시험하고, 암놈도 마찬가지로 수놈 씨앗의 건강도를 알아보려는 것인데, 그 행위가 사람이 보기에는 싸움처럼 보인다. 실제로 약한 놈은 굴 밖으로 밀려나가는 일이 허다하다. 한마디로 성의 선택이라는 것으로, 서로의 유전적인 우열을 그렇게 판별해내고 있는 것이다. 생물에서는 '건강한 유전자'가 짝짓기의 첫째 조건이라 그렇다.

사람도 그들과 조금도 다를 바 없다. 남녀가 부부가 되는 데도 서로의 여러 가지 상태를 다방면으로 예리하고 깊게 따져서 선택하지 않는가. "제 눈에 안경"이라고 남이 볼 때는 어찌 저런 짝이 이루어졌을까 의아해하지만 그들은 다 따져서 저한테 알맞은 짝을 찾은 것이다.

여기서 우리가 딱정벌레에게서 한 수 배워야 할 게 있으니, 딱정이 수놈은 병들고 약한 암놈에게는 절대로 씨를 뿌리지 않는다는 것이다. 몸매 가꾼답시고 살 빼고 기름 빼어 바짝 마른 여자들은 결코 남성들의 호감을 받지 못하고, 또 그런 여성을 선택하는 남성은 딱정벌레보다 못하다는 것을 알아야 한다. 건강한 산모에게서 튼실한 아이가 생겨난다는 것을 벌레들도 알지 않는가. 우리나라에 작고 메마른 탤런트는 몇 명만 있으면 족한데 온통 젊은이들이 탤런트가 되겠다고 설치니 하는 말이다. 하마 유전자를 갖고도 꽃사슴이 되겠다고 하니 이는 '생물학'을 몰라서 그럴 것이다.

끝으로 이 딱정이들은 자신들이 살고 있는 곳의 딱정벌레 집단의 크기를 조절하는 능력이 있어 개체 수가 일정한 수 이상으로 늘어나면 분비하는 페로몬의 농도를 높여 다른 놈들을 도망가게 한다고 한다. 먹이에 비해 수가 너무 많으면 모두가 굶어죽게 되리라는 것을 알고 그것까지 알아서 조절한다니, 결국은 딱정이들이 산아제한까지 하는 셈이다. 이들을 어찌 버러지라 비하할 수 있겠는가.

그리고 "송충이는 솔잎을 먹는다."라고 갑충들이 기생하는 숙주나무가 정해져있다. 사슴벌레들은 참나무를 먹고, 전나무 딱정벌레는 미국 전나무 없이는 못 산다. 우리들의 삶의 터전인 직업도 다 그렇지 않은가. 나 같은 선생은 평생 동안 백묵을 갉아먹고 사는 것처럼 말이다.

어름치의 돌탑 속 사랑 만들기

아무리 섧다 섧다 해도 집 없는 설움보다 더한 일이 어디 있
겠는가. 그래서 다들 내 집을 마련하는 것이 지상 최대의 목표
인 양 악착같이 매달려 사는가 보다. 달팽이만 보더라도 작은
배냇집을 가지고 태어나 크면서 조금씩 불려나가지 않는가. 이
처럼 삶의 터인 집을 짓고 사는 동물은 사람만이 아니어서 개
미나 벌, 까막까치도 집을 지어 그곳에 알을 낳고 새끼치기를
한다. 하지만 동물이라고 해서 모두 집을 짓는 것은 아니다. 그
러니 집짓기를 하는 녀석들은 그래도 꽤나 지혜롭고 진화한 동
물이라고 하겠다.

여기서는 그중에서도 맑디맑은 물속에 사는 물고기의 건축
이야기를 해보려고 한다. 그런데 물고기가 집을 짓고 탑을 쌓
는 것은 평생 살 터를 마련하는 것이 아니라 오직 산란하고 부
화된 새끼를 보호하기 위한 것이다. 물고기는 종에 따라 알 낳
는 방법이 조금씩 달라서 잉어는 점성이 강한 알을 수초에 붙
이고, 피라미는 강의 상류로 올라가 알을 낳아 그것이 물에 떠
내려가면서 부화하도록 한다. 그리고 돌상어는 돌멩이 틈새에,

둑중개나 동사리들은 바위 밑의 흙이나 모래를 파내고 들어가서 몸을 뒤집어 밑바닥에 알을 붙인다. 이것이 일반적인 물고기의 산란 형태다.

그러나 조개 속에 알을 낳는 납줄갱이 무리나 중고기, 가시고기, 어름치는 산란 방법이 좀 유별나다. 가시고기는 수컷이 수초의 줄기나 뿌리를 물어 날라 새집과 꼭 닮은 집을 지어 암컷을 불러들인다.

이제부터 어름치의 산란탑에 대해 좀더 자세히 알아보자. 어름치는 우리나라 특산종이다. 즉, 세계에서 우리나라에만 사는 민물고기로서 천연기념물 259호로 지정되어있으며, 한강이나 임진강, 금강 등지에서 주로 살고 있다. 그런데 요즘은 여기저기에서 댐을 막아서 강들이 호수화되니 여울이 줄어들어 어름치도 감소 추세에 있다. 그뿐만 아니라 오염된 강물, 무분별한 남획까지 겹쳐 곧 우리나라, 즉 지구를 떠나야 할 위기종의 입장에 처해 있어 무척 아쉽다. 못된 악마구리 떼 인간 군상들 때문에 살아남기 힘들다는 말이다.

어름치는 일반적으로 '어름치기'라고 부르는데, 잉엇과에 속하는 어류로 모래무지를 많이 닮았으며, 몸길이는 보통 20~40센티미터다. 주로 물살이 느릿한 여울에 살며, 4~5월경에는 강바닥을 파내고 그곳에 1천2백~2천3백여 개의 알을 낳고 그 위에다 잔자갈을 모아 덮는 형태로 돌탑 쌓기를 한다. 이것을 산란탑이라고 한다.

세계에서 우리나라에만 살고 있다는 이 어름치가 다른 물고기들은 하지 않는 괴이한 산란 행동을 한다는 것은 세계적인 사건이라 할 만하다.

겨울을 넘긴 어름치 암수는 물가로 나와 어슬렁거리며 산란 터를 봐두었다가 산란 전날 밤에 땅바닥을 파는데, 부리에 생 채기 나는 것도 모르고 자갈 물어 나르기를 계속하여 길이 15 센티미터, 폭 10센티미터, 깊이 7센티미터 정도의 타원형 웅덩 이를 파고는 그곳에 배불뚝이 암놈이 들어가 바닥에 납작 엎드 려서 알을 쏟아낸다.

그것을 알아차린 덩치 큰 수놈 아비는 씨알 위에 우윳빛 정 액을 흠뻑 쏟아부어 탄생의 기를 심는다. 힘이 다 빠진 어름치 어미와 아비의 고행은 이때부터 시작이다. 닷새 후면 알이 부 화되어 새끼 눈쟁이가 튀어나올 텐데, 그동안 알들이 물살에 떠내려가서는 안 되고 또 다른 녀석들의 밥이 되게 둘 수는 없 기에 암수 둘은 젖 먹던 힘까지 다해 2~5센티미터 크기의 자 갈을 물어 날라다 알을 덮는다. 멀리는 강기슭 12미터까지 달 려가 어영차 자갈을 나른다고 하니 그저 종족 보존을 위한 물 고기의 본능이라고만 폄하할 수 있겠는가.

이 산란탑은 보통 수심 1미터쯤 되는 곳에 만들어진다. 탑의 크기는 약간씩 차이가 나지만 보통 길이 50센티미터, 폭 30센 티미터, 높이 15센티미터나 되니, 탑을 쌓는 데는 시간과 힘이 엄청나게 든다. 하지만 모(부)성 본능에는 그것이 문제되지 않 는다. 어름치의 산란기가 되면 이런 탑들이 강가에 하룻밤 사 이에 줄지어 생겨나니, 물고기를 전공하는 어류학자들의 눈에

조차 신비롭지 않을 수 없다.

　연어들은 웅덩이에 알을 낳고는 모래나 자갈을 지느러미질을 해서 살짝 덮어만 놓는데, 어름치 녀석들은 높다란 전승비를 세우는 것이 참으로 의아하다. 필자의 생각으로는 '내가 여기에 집을 지었으니 저 멀찌감치에 가서 네 집을 지으렷다.'라는 신호요, 표지가 아닌가 싶다. 어느 동물이나 일정한 공간을 차지하여 충분한 먹이를 얻겠다는 본능이 있으니 말이다.

　또 한 가지 특이한 점은 어름치는 가뭄이 드는 해에는 강 가운데 깊은 곳에 집을 짓고, 홍수 지는 해에는 강의 가장자리에 탑을 쌓는다는 것이다. 아마도 까치가 집을 높게 지으면 그해엔 장마가 지고 낮게 지으면 바람이 많은 해가 될 것이라는 예고와도 일치하는 것이 아닐까 싶다. 이것들을 미물이라고 하기보다는 영물로 보는 것이 이 때문이다. 사람은 연작(燕雀)으로 그들은 홍곡(鴻鵠)으로 비유하는 것은 필자만의 생각은 아닐 성싶다.

　사람들의 삶도 그렇지만 생물들의 살이도 잘 들여다보면 녹록지 않은 희로애락이 숨겨져있음을 본다. 산란탑까지 쌓는 어름치를 보면 더더욱 그렇다.

죽음을 무릅쓴 종족번식과 회귀본능

"소(沼)가 좋으면 고기가 모여들고, 집이 좋으면 사람이 몰려든다."라는 말이 있는데, 아직은 강원도 양양 남대천이 산자수명(山紫水明)하여 연어가 들끓는 큰 잔치가 매년 계속되고 있다. 남대천을 떠난 어린 녀석들이 사할린 섬과 일본 아오모리 틈새를 지나 태평양 알류샨 열도를 거쳐 알래스카 만까지 갔다가 3~4년 후면 다시 갔던 길을 되찾아 굵직굵직한 놈들이 되어 돌아온다. 어림잡아 1만 6천 킬로미터를 다녀오게 된다. 연어는 어떻게 귀신같이 모천(母川) 남대천을 찾아 회귀한단 말인가. 강줄기가 여러 개 있는 곳에서도 꼭 제가 태어난 곳으로 찾아온다는 것은, 방류할 때 지느러미를 조금 자르거나 꼬리표를 달아 보내보면 금방 알아낼 수가 있다.

물길도 크기에 따라 나뉘어 수원지에서 가까운 곳에 물이 고이면 담(潭, 예를 들어 백록담), 아래로 내려와 조금 더 커지면 연(淵, 천지연), 천(川, 샛강), 아무리 가물어도 물이 있는 강(江)으로 구분되는데, 연어는 갈 수 있는 데까지 올라간다.

연어는 세계적으로 60여 종이 살고 있으며, 우리나라 동해안을 찾아오는 놈들은 참연어[*Oncborhyncus keta*] 단 한 종뿐이다. 일본에서는 주로 이 종을 대상으로 연어에 대해 이미 120년 동안 연구하여 연어 회수율이 4퍼센트에 가까우나, 우리는 겨우 20여 년으로 역사가 미천하므로 매년 약 1천5백만 마리를 방류하여 1.5퍼센트만 되잡는다고 한다.

연어 농사는 미국, 일본, 러시아, 캐나다에서 제일 많이 하는데, 그 연어는 우리 것과 같은 태평양연어고, 스코틀랜드 등 북유럽에서 키우는 것은 대서양 종으로 성질이 조금 다르다. 전자는 모천에서 산란을 하고 나면 죽어버리나 후자는 매년 강을 거슬러 올라가 산란한다.

여기에서 연어 농사라고 말한 것은, 이제는 세계 곳곳의 강들이 망가져서 자연산 연어를 더는 얻을 수가 없으므로 강으로 올라오는 놈들을 그물로 잡아 알을 뽑아내고 거기에 수컷의 정자를 섞어 인공수정을 한 후 탱크 안에서 집단으로 부화시키고 수온을 올리고 먹이를 많이 주어 속성 사육을 하여 치어가 되면 다음 해 봄에 바다로 내보내기 때문이다.

그러면 연어는 자연상태에서는 생활사가 어떤가. 9~11월 말까지 강으로 올라온 연어들은 위로위로 거슬러 올라간다. 이때 수놈은 꼬리지느러미로 몸통질을 하여 모래자갈을 송두리째 파헤쳐 길이 1미터, 깊이 30센티미터나 되는 큰 웅덩이를 만든다. 그러면 암놈은 배를 바닥에 대고 산란하는데, 산란이 끝나면 진이 다 빠져 그 자리에서 죽어버린다. 수컷은 암놈의 죽음을 서러워할 겨를도 없이 알이 놓인 자리로 달려가 희뿌연 우웃빛 정자를 뿌리고, 주둥이로 모래자갈을 퍼부어 알을 덮어준 후 암놈을 따라 죽고 만다.

수정된 알은 자갈 밑에서 월동하고 다음 해 봄에서야 부화하는데, 그 강에서 두 번째 겨울도 먹지도 못한 채 동면상태로 보낸 다음 봄이 오면 바다로 내닫는다. 그러나 그렇게 떠난 어린 녀석들은 태평양을 오가면서 큰 고기들에게 다 잡아먹혀 1백 마리 중에서 겨우 1.5마리만 돌아오는데, 요행히 고향으로 돌아온 놈들마저도 찢기고 뜯겨서 온몸이 상처투성이다. 뭇 것들이 득실거리는 태평양에서 3~4년을 산다는 게 그리 쉬운 일이 아닌 것이다. 하지만 몸피가 큰 녀석은 길이가 1미터, 몸무게가 5킬로그램이 넘는다고 하니, 역시 메마른 강에 비해 바다에는 먹잇감이 흔하다는 것을 알 수 있다. 아마도 그래서 연어는 바다와 강을 오가는 진화를 한 것이리라. 어릴 때는 강에서, 커서는 바다에서 자라니 말이다.

그런데 뱀장어는 바다에서 태어나 강으로 올라와 다 자란 후 모해(母海)로 돌아가 알을 낳고 죽으니, 연어와는 거꾸로 이동하고 산란을 한다. 강에 올라와 다 자란 뱀장어는 강을 타고 내려가 저 먼 남쪽나라 필리핀 근해 깊은 곳에 알을 낳는데, 거기서 부화된 새끼는 다시 그 길을 따라 강으로 온다. 그런데 이들은 어떻게 민물과 짠물을 자유자재로 들락거리는 것일까. 바다의 염분 농도는 3.5퍼센트인 데 비해 민물은 0.05퍼센트밖에 되지 않아 염분 농도가 무려 70배나 차이가 나는데도 말이다.

결론적으로 말하면, 연어나 뱀장어 몸은 소금에 잘 견디는

광염성(廣鹽性)이라 소금의 농도가 옅든지 짙든지 간에 잘 견
딘다. 그러나 민물과 바닷물이 섞이는 기수(汽水)에서는 염분에
대한 순치(馴致)가 일어나므로, 남대천을 떠난 연어 새끼들은
하구의 기수에서 한 달 가까이 머물면서 순치하는 시간을 갖는
다. 그래서 민물과 바닷물 사이를 오가는 것이 가능한데, 적응
이란 생물에게 이렇게 중요한 의미를 갖는다. 이런 길들임이라
는 기간이 있었기에 망정이지 그렇지 않았다면 어떤 물고기도
살아남지 못할 것이다.

모든 생물은 바다에서 생겨나 살았는데 화산 등의 지각변동
이 일어나면서 강과 땅에서도 생물이 살게 되었다고 한다. 그
것은 뭍에 사는 척추동물의 피의 구성이 원시 지구의 바닷물과
유사하다는 점으로도 유추가 가능하다. 동물들의 체액에서 가
장 많은 것이 소금(77퍼센트)과 칼륨(23퍼센트)이고, 칼슘 등은
미량 존재한다. 사람의 것도 다름없다는데, 이 때문에 사람도
귀소본능이 발동하여 바다를 찾고 또 동경하는 것일까.

아무튼 물고기도 염분 대사가 중요하여 바닷고기는 아가미
에 있는 특수세포에서 염분을 조절하여 소금을 밖으로 분비하
고, 콩팥에서는 선택적으로 소금을 여과하여 진한 소변을 내보
낸다. 바닷물이 고농도라 물을 빼앗기지 않기 위한 적응이다.
반대로 민물고기는 소금을 저장해야 하므로 아가미에서 염분
을 빨아들이고 옅은 오줌을 많이 누어 물을 자꾸 뽑아낸다. 물
속에서 어슬렁거리는 저 물고기들도 그저 편안하게 지내는 게
아닌 모양이다.

분단성 위장의 줄무늬

"축 처진 소나무 가지에서 하심(下心)을, 가지런히 자란 은행나무에서 화합을, 극락교 아래를 흐르는 물에서 청정함을 배운다.", "묵은해니 새해니 분별하지 말게나, 겨울 가고 봄 오니 해 바뀐 것 같지만, 보게나 저 하늘 저 산이 뭐가 달라진 게 있는가." 이런 말이 어디 꼭 세상만사 다 버리고 무소유의 삶을 사는 사람들의 전유물이라고만 할 수 있겠는가.

사실 끊임없이 흐르는 세월을 사람들은 괜히 토막질하여 몇 년이다 무슨 해다 하여 호들갑을 떨고 있는 것은 아닌지 모르겠다. 나라가 독화살 맞은 호랑이처럼 비틀거리니 너나 할 것 없이 모두 걱정이 태산 같으나 마취가 깨면 언제 그랬느냐는 듯이 "어흥" 포효하며 용맹스럽게 내닫게 될 것이다.

그런데 범은 뭐고 호랑이는 뭐란 말인가. 어원은 숫제 모르겠으나 범은 우리말이고 호랑이는 일본 사람들이 바꿔 부르는 말로 '범을 무섭게 일컫는 말'이라니 속된 말로는 그놈이 그놈이다. 범은 육식하는 고양잇과 동물로 특별히 어금니와 발톱이 예리하고 뜀박질을 잘하게끔 다리 근육이 잘 발달하였다.

그리고 범의 특징 중 하나가 황갈색의 가죽 바탕에 불규칙한 검은 얼룩무늬가 있는 것인데 아무리 생각해도 그것은 주변의 색깔과 유사해지려는 꼼수의 하나인 보호색이 아니다. 그것도 다 필요한 것임은 확실한데 그 이유는 먹이 사냥을 나서는 어스름 땅거미가 내릴 때쯤엔 그 줄무늬 때문에 범 몸뚱이와 주변의 경계가 흐려져서 구분이 되지 않기 때문이다. 이것은 분열성 위장이라 하니 역시 영물다움은 호피에서도 발견된다.

"사람은 죽어 이름을 남기고 호랑이는 죽어 가죽을 남긴다." 라는데, 어디 이름 석 자 남기는 것이 그리 쉬운 일인가. 필자가 어렸을 때만 해도 시골집 사랑방에 다 해진 호랑이 가죽이 있어서 그놈을 뒤집어쓰고 호랑이 놀이를 했었고, 지금 집에도 벽에 실물에 가까운 크기의 범이 대밭가를 거니는 그림이 붙어 있다. 그림으로까지 재현된 걸 보면 옛날에는 호랑이가 흔하게 살고 있었기 때문이 아니겠는가.

영국의 여행가 이사벨라 버드비숍이 쓴 책 『한국과 그 이웃들』(살림, 1994)에서 보면 "조선 사람들은 호랑이에 물려 죽은 사람들을 문상 다니느라 1년 반을 보낸다."라고 쓴 구절이 나온다. 조선 말엽 삶의 실상을 생생하게 느끼게 하는 책이었는데, 무엇보다도 파란 눈의 여인이 그 고생을 하면서 서울 ~ 춘천 ~ 영월까지 강을 타고 올라가는 용맹성을 보였다는 점에 놀라지 않을 수가 없다. 풀만 먹고 살던 우리네 사람들로서는 상상도 못하는 모험으로, 육식성인 영국인이었기에 가능했던 것이리라.

범은 100여 만 년 전 중국의 남부 지역에서 생겨나서 북쪽으로는 시베리아, 서로는 인도, 남으로는 한반도를 포함하여 발리섬까지 퍼져나갔다고 한다. 범은 모두 같은 종으로 사는 장소에 따라 덩치, 무늬가 조금씩 달라 8아종으로 나뉘었다. 이 아종들은 뱅갈호랑이나 시베리아호랑이 할 것 없이 다같이 한 조상에서 생긴 것으로 서로 생식이 가능하다.

그런데 8아종 중에서 카스피아, 발리, 자바 종은 이미 멸종되어버렸고 뱅갈, 남중국, 수마트라, 인도차이나, 시베리아의 5아종만이 겨우 명맥을 유지하고 있으며, 이 중 우리가 말하는 백두산호랑이는 시베리아(아무르)산이다. 학자들은 우리나라에서는 백두산에 10여 마리가 남아있을 것으로 추정하며, 러시아 연해주에는 4백30~4백70 마리가 있다고 조사 · 보고되고 있다. 러시아는 1995년부터 '시베리아산 호랑이 보호 계획'을 세워 적극적인 보호를 시작했다니 다행히도 우리 호랑이의 씨가 마르진 않을 것 같다.

알고 보면 범보다 더 지독한 동물이 바로 사람이다. 호환이 두렵다고 중국에서도 호랑이를 다 잡아버려 3백여 마리만 남았고, 우리나라도 일제시대에 '군경호랑이토벌대'를 만들어서 싹쓸이를 해버렸으며, 몇 마리 남아있던 것도 6 · 25 이후 북쪽으로 철수하고 말았다. 우리도 동해안에 철책을 치고 동물원의 범을 자연상태에 방목해 야성을 되찾게 하겠다고 하니 다행한 일이다. 호랑이를 가장 잘 보호하고 연구하는 나라가 러시아와 인도라고 하니 그들에게 한 수 배워야 할 것이다.

어느 호랑이 사육사는 "호랑이는 숨어 살지만 사악하지 않고, 동물을 잡아먹지만 쓸데없는 살생은 하지 않으며, 홀로 살지만 결코 혼자 있는 것은 아니다."라고 말하는데, 우리 조상들이 범을 '은둔, 방랑의 동물'로 본 것이나 큰 차이가 없다.

호랑이 암수는 발정기에만 교미하는데, 수컷은 교미가 끝나자마자 자기의 영역으로 떠나버리고 새끼는 암놈이 도맡아 키운다. 새끼는 보통 3~5마리를 낳는데 이것들을 먹여 살리는 것도 어미 몫이다. 사냥을 나갈 때 어미는 표범이나 살쾡이가 새끼를 잡아먹을까 봐 새끼를 굴에 잘 숨겨놓고 떠나는데, 최소한 열 번은 시도해야 먹잇감을 하나 잡을 수 있다고 하니 하루가 다 지나 돌아오는 때도 허다하다.

먼 길을 떠날 때는 나무에다 발바닥을 문질러서 냄새를 남겨두었다가 되찾아온다고 하니 호랑이 코도 개 코만큼이나 예민한가 보다. 실은 사람 발 냄새도 그런 이유 때문이었다는데, 지금은 필요가 없어져서 일종의 '흔적 현상'으로만 남아버렸다. 아무튼 새끼들은 중간에 병들어 한두 마리는 죽고 살아남은 놈들은 18~24개월이면 어미 곁을 떠난다. 그런데 바로 그때부터 어미와도 영역 다툼을 한다니 동물의 세계는 냉혹하다.

호랑이를 자세히 살펴보면 참 잘생겼다. 길고 하얀 턱수염과 눈썹 위에 뾰족 선 귀, 전신을 덮은 얼룩덜룩한 무늬에 정기 넘치는 부릅뜬 눈이 어우러져 꽉 찬 듯한 느낌을 풍긴다. 특히 그 커다란 아가리를 벌렸을 때 낯짝에 흐르는 굵은 주름에 우뚝 솟는 송곳니가 인상적인데, 사슴의 살점을 갈기갈기 찢는 그

예리한 이빨이 새끼 등을 물어 옮길 때는 부드러운 '엄마의 손'
이 된다고 하니 쓰임새 하나도 마음에 달려있는 모양이다.

그런데 인도 어느 지역에는 아직도 호난(虎難)이 있어서 많은
사람들이 희생되고 있다고 한다. 그래서 그곳 사람들은 들에
나가거나 배를 탈 때는 반드시 사람 얼굴 모양의 가면을 뒤통
수에 뒤집어쓴다고 한다. 반드시 뒤쪽에서 공격하는 호랑이의
공격 행동을 잘 알기에 그렇게 대처하는 것인데, 가면 몇 개를
써도 좋으니 우리 산하에 호랑이의 우렁찬 울음소리가 메아리
치는 때가 왔으면 좋겠다. 우리가 사는 이곳이 원래는 그들이
살던 터전이 아니었던가.

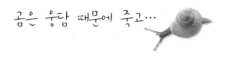

곰은 웅담 때문에 죽고…

1998년 1월호 〈내셔널 지오그래픽(National Geographic)〉에 실린 「극한(極寒)의 고원(高原)을 성큼성큼 걷는 북극곰」이란 글(필자의 서툰 번역임)을 참고삼아 곰의 생태를 들여다보려고 한다.

곰은 우리뿐만 아니라 일본 원주민은 물론이고 서양인들도 '신성한 동물'로 취급하여 신화에도 많이 등장한다. 신화란 그 시대의 원시적인 인생관과 세계관이 여러 가지 자연, 사회 현상에 투영된 것으로 역사, 과학, 종교, 문학적 제 요소를 포함하고 있다. 그렇게 볼 때 단군신화에 곰, 호랑이, 마늘, 쑥이 등장하는 것도 신화가 만들어지던 시대의 생물상을 반영하는 것이라 본다. 다시 말해서 곰만 해도 그때 그들 주변에 많이 살았고, "곰은 미련한 놈이 잡는다."라고 사람들은 곰이 무척이나 미련하고 느리면서도 잘 참는 특성을 가졌음을 익히 알았고 마늘과 쑥이 몸에 좋다는 것도 이미 경험하여 식용하고 있었다.

북극곰은 백곰, 바다곰이라고도 하는데 그 학명이 우르수스 마리티무스[*Ursus maritimus*]다. 여기에서 *Ursus*는 곰, *maritimus*는 바다라는 뜻으로 이 학명에서도 곰이 북극의 얼음바다에 산다는 것을 알 수 있다. 우리나라에 흔했던 반달곰은 학명이 우르수스 티베타누스[*Ursus thibetanus*]인데, 티베트 원산으로 검은곰 무리에 들며 가슴에 초승달 모양의 무늬가 있어서 흔히 moon bear라고도 부른다. 한편 불곰이라고도 불리는 갈색곰은 지능이 높아서 훈련이 잘되는 종으로 "재주는 곰이 넘고 돈은 되놈이 받는다."라는 속담의 주인공이다. 곰은 털색을 기준으로 해서 크게 백곰, 검은곰, 갈색곰 세 무리로 나뉘지만 백곰도 눈밭 때문에 보호색으로 털이 흴 뿐 털 밑의 껍질은 검은색이어서 햇볕을 받아 체온을 올릴 수 있다.

"복 없는 놈은 곰을 잡아도 웅담이 없다."라고 하듯이 곰은 웅담 때문에 죽어나는데 요즘 사람들은 살코기, 발바닥도 노리며 털까지 가공하여 방석으로 쓴다. 곰은 꼬리가 제 귀보다도 짧다고 하는데 그것이 길었으면 '곰꼬리탕'까지 생겼을 뻔했다.

곰은 지금으로부터 2000만 년 전에 생겼는데 20만 년 전 빙하기에는 남극과 호주를 제외하고 온 세계에 퍼져 살았다고 한다. 처음에는 작은 개만 했는데 덩치가 점점 커져서 지금은 백곰 큰놈이 3백 킬로그램에 가깝다.

처음에 생긴 것은 갈색곰이었으나 12만 년 전에 흰곰인 북극곰이 새로 생겨나 차가운 북극지방에만 살게 되었는데, 다른 곰들은 잡식으로 개미, 벌, 나무뿌리, 열매, 꿀 등 안 먹는 게 없으나 북극곰은 먹을 거라곤 바다표범밖에 없어서 전적으로 육식을 하게 되었다. 북극곰은 바다표범이 얼음 구멍 사이로 숨을 쉬러 나올 때 그 억센 발로 내리쳐서 잡는다. 그런데 늦은

봄에서 초가을까지 얼음이 녹는 8개월 가까이는 먹이를 잡을
수가 없어서 쫄딱 굶어야 하니 겨울에 먹을 게 없어서 굴에 들
어앉아 잠만 자는 뭍의 곰과는 아주 다른 생태라 하겠다.

북극에도 태양은 있어서 그 에너지를 받아서 식물 플랑크톤
이 자라고 이들을 동물 플랑크톤이 먹는 등 먹이사슬이 이어져
서 북극 대구를 바다표범이, 또 이놈을 북극곰이 잡아먹으며,
끝으로 이누이트들이 이놈들을 잡아서 고기는 먹고 모피는 팔
아서 살림에 보탠다. 자연의 뱃속을 열어보면 우렁이 속만큼이
나 복잡다단하다.

여기에 바다표범 이야기를 조금만 보태보자. 이놈들은 물개
와 습성이 비슷해서 수컷 한 마리가 여러 마리 암놈을 거느리
며, 눈이 접시만 하게 크고 수염이 덥수룩하며, 물고기말고도
조개를 잡아먹기도 하며, 열을 덜 빼앗기기 위해 귓바퀴가 없
다. 평생을 거의 물속에서 사는지라 귀는 퇴화해버렸다.

다시 북극곰으로 돌아와서, 이들이 새끼를 낳으면 동족인 북
극곰의 공격을 받는다고 한다. 칼바람 부는 곳에서 살아야 하
니 어미의 젖 가운데 50퍼센트가 지방이며, 새끼의 생육 속도
도 무척 빠르다. 북극곰의 젖에 지방 성분이 많은 것은 추위를
이기는 데는 에너지 덩어리인 지방이 제일이기 때문이다. 탄수
화물이나 단백질은 1그램에서 약 4칼로리가 나오지만 지방은
같은 무게에서 2배가 넘는 9칼로리가 더 나오니 지방은 대단히
경제적인 순수 에너지가 아닌가. 그 차가운 물속에서도 견뎌내
는 것은 바로 피하지방이라는 두꺼운 이불을 한 켜 둘러쓰고

있기 때문인데, 이처럼 추운 지방에서는 기름기 없이 생명을 부지하지 못한다.

한여름에는 동물원에 갇힌 북극곰이 얼음물에서 더위를 식히는 것을 가끔 보게 되는데 정말로 그 녀석은 제 고향 북극이 얼마나 그립겠는가. 추우면 못 사는 동물도 많지만 더우면 못 사는 동물이 북극곰이다.

땅에 사는 육식동물 중에서 제일 큰 북극곰은 아직도 4만여 마리가 있어서 멸종 위기에 놓인 종은 아니라고는 하지만 그것도 노르웨이, 캐나다, 미국, 소련 등의 나라들이 보호협약(1960년)을 맺은 때문이라고 한다. 그래도 아직은 여유가 있어서 북극의 원주민인 이누이트들이 1년에 5백여 마리를 잡도록 허락하고 있으며, 외지인에겐 마리당 1만 5천 달러를 받고 곰 사냥도 허락할 정도라고 한다.

여느 생물이 다 그렇듯이 북극곰도 사람 입장에서 보면 야릇한 생식을 한다. 북극곰은 바다표범이 숨 쉬기 위해 만들어 놓은 얼음 구멍가에 숨죽인 채 쪼그리고 앉았다가 바다표범이 머리를 쏙 내밀면 넓적한 갈큇발로 내리쳐서 잡아먹는다. 겨우내 살을 찌울대로 찌운 북극곰은 봄이 오면 교미를 한다.

그런데 암놈 몸에 생긴 수정란은 얄궂게도 곧바로 자궁에 착상되어 발생을 시작하지 않고 그대로 머물다가 배고픈 여름이 지나고 가을이 되어서야 배발생을 한다. 그것은 얼음이 녹아버리는 여름이면 먹이를 잡지 못하여 8개월 가까이 되는 긴 기간 동안 굶어야 하므로 새끼를 키울 육체적 · 정신적인 겨를이 없기 때문이다.

그래도 그렇지 어찌 수정된 알이 냉동실도 아닌 몸속에서 발생을 멈추고 가을이 오기를 기다린단 말인가. 이 오묘한 생리 현상에도 과학자들이 눈독을 들이고 있지만 우리가 아는 과학이란 아직도 빙산의 일각일 뿐이라 그 신비는 아직 풀리지 않고 있다.

어찌됐거나 가을로 접어들면 씨를 받은 암놈은 바닷가 언덕배기로 기어올라 가서 높이가 2미터도 넘는 큼직한 굴을 파는데, 굴의 입구를 남동쪽으로 내어 태양받이와 바람막이에도 신경을 쓴다. 불곰이나 흑곰은 암수가 같이 굴에서 겨울나기를 하는데, 백곰 녀석들은 암컷 혼자서 지내고 12월 말이나 1월 초에 2~3마리의 새끼를 낳는다. 임신을 하면 1분에 60번 뛰던 심장 박동도 반으로 줄어 에너지를 아끼지만 먹이를 먹지 못하니 이때 체중이 다시 반으로 준다.

암놈은 새끼도 전적으로 도맡아 키우고 아비놈은 근방에 얼씬도 못하게 한다. 수컷이 배가 고프면 새끼도 잡아먹기에 그렇다니 이 점도 우리를 혼란에 빠뜨리게 한다. 아마도 먹잇감이 풍부한 환경이었다면 그런 일이 없었을 것이라는 생각이 든다. 요새는 개와 고양이가 다정하게 같이 뒹굴고 지내는 세상이 아닌가. 먹이다툼이 없기에 가능한 일이다. 먹는다는 게 뭐기에 동물의 행태를 그렇게 바꿔놓는 것일까.

속담 가운데 "곰은 웅담 때문에 죽고, 사슴은 녹용으로 죽고, 사람은 혀로 망한다."라는 말이 있는데, 남의 말 하기를 좋아하

는 우리에게 자기에게 더 엄한 사람이 되라는 교훈의 말이리
라. 또 '곰바지런하다'는 말도 있는데 잘하지는 못해도 일을 쉬
지 않고 꼼꼼히 함을 일컫는 것으로, 우리가 곰에게서 얻어야
할 또 다른 배움이 아닌가 싶다.

저 북극 백설의 나라는 바다표범과 북극곰만의 세계가 아니
다. 바람 불지 않는 따뜻한 봄날이면 하늘에는 하얀 상아갈매
기가 바람을 가르고 그 뒤쪽 눈언덕 사이로는 북극여우가 어슬
렁거리는데, 모두가 북극곰이 먹다 버린 살코기를 먹으려는 것
이다. 이때면 여러 나라의 학자들도 곰 연구에 나선다. 곰에 미
쳐 사는 사람들은 헬리콥터까지 동원하여 마취총을 쏘아 곰을
잡아서는 곰의 무게를 달고, 체온을 재고, 피를 뽑고, 이빨의 나
이를 잰다. 그리고 곰의 목에 전파 발신기 라디오를 달아서 행
동반경을 계산하고 어디서 뭘 하는지도 추적한다.

그런데 아시아, 유럽, 북미 지역에서 오염물질이 날아들어서
북극도 환경오염의 안전지대는 아니다. 특히 폴리염화페닐, 디
디티, 다이옥신 같은 유해물질이 곰에 해를 미치는 것으로 밝
혀지고 있는데 이는 곰의 몸에서 뽑은 피나 젖을 분석하여 알
아냈다.

수은, 납 같은 중금속도 그렇지만 이런 물질들은 먹이사슬인
플랑크톤→물고기→바다표범→북극곰→이누이트 순서로 이
동하면서 몸 밖으로 나가지 않고 고스란히 쌓이는 것이 문제인
데, 북극곰 몸속의 디디티만 해도 북부 캐나다 사람의 6배나 된
다고 한다. 북극, 남극 할 것 없이 다 망가져간다고 걱정해도

우리나 다음 몇 세대까지야 괜찮겠지만, 더 내려갔을 때 발도 못 붙일 지구가 되지나 않을까 싶어 그게 걱정이다.

북극곰은 코가 긴 편인데 코끼리의 긴 코가 더운 공기를 식히는 일을 하는 데 반해 곰의 코는 찬 공기를 데워서 허파에 넣는 구실을 한다. 여름에는 자동차 라디에이터가 엔진을 식혀주지만 겨울에는 따뜻한 공기를 제공해주는 것도 이 코의 원리를 모방한 것이리라. 그래서 사람도 건조한 지역이나 차가운 곳에 사는 인종은 코가 무척 크다.

어쨌거나 세상 모르는 북극곰 어미는 제 몸을 녹여 젖을 만들어 새끼를 먹여 키우고 4월이 되면 새끼 곰돌이를 데리고 나가 바깥 구경을 시킨다. 그렇게 2년 반 정도 같이 지내다가 부모 자식 간의 연을 끊고 각자 나름대로 살아간다. 최근 들어 지구 온난화로 인해 봄이 일찍 오고 가을이 늦어지고 있다니 배고픈 북극곰은 더더욱 죽을 맛이다.

"범 없는 골에 토끼가 판친다."라고 하는데, 1999년은 토끼의 해 기묘년(己卯年)이었다. '머무르는 듯 가는 세월'이라더니 안 가는 듯하면서도 속도를 늦추지 않는 것이 시간의 흐름이라, 일락서산(日落西山) 월출동산(月出東山), 이 자연의 섭리를 거스를 자가 어디 있겠는가. 이러니 세월은 그대로 있고 사람이 가는 것이라는 말도 일리가 있다.

그런데 "시간은 나이 분의 1로 느껴진다." 하니, 열 살배기 어린이는 절대시간을 10분의 1로 느끼고 필자 같은 사람은 60분의 1로 느낀다는 것이다. 그래서 나이를 먹을수록 세월이 빠르게 간다.

어쨌거나 1999년 기묘년에 영리하고 준비성 있고 언제나 경계를 늦추지 않는 토끼놈의 생태를 좀 닮아봐야겠다고 다짐했다. 거북이의 꾐에 빠지기는 해도 기지를 발휘하여 용왕을 속이고 무사히 살아 나온 「토끼전(별주부전)」의 이야기는 우리에게 무엇을 암시하는 것일까. 정신만 차리고 살면 "토끼가 용궁을 가도 살 길이 있다."라는 것이리라. 토끼는 굴이 셋이라고 하는데 이는 준비성을 비유한 말이다.

"산토끼, 토끼야~"라는 노래로 아이들이 뜀박질할 정도로 토끼는 우리에게 무척이나 친근한 동물이며, 토끼의 특징이자 상징은 뭐라 해도 얼굴보다 기다란 귀다. 토끼가 '놀란 토끼 눈'에 뾰족하게 곧추선 두 귀를 가진 이유는 바스락거리는 작은 소리도 잘 들어서 무슨 일이 있다 하면 곧바로 튀려는 것이다. 알다시피 토끼는 연약한 동물이라 아무런 방어 무기가 없다.

게다가 토끼는 '음치'라서 소리도 내질 못한다. 천적이 나타나면 고함이라도 내질러서 친구들에게 알려줘야 하는데 그것도 못한다. 그러니 믿을 것이라고는 튼튼하고 긴 뒷다리밖에 없는 것이다. 그래서 토끼는 어깻죽지만 믿고 살아가는 내 시골 농군 친구들과 꼭 닮았다.

토끼는 전형적인 초식동물이라서 나뭇잎은 물론이고 줄기, 뿌리까지도 끌같이 예리한 이빨로 갉아먹는다. 농가의 밭에도 내려와 곡식을 먹어치우니 예쁜 것은 나중이고 대개는 미움을 산다. 사람도 발생과정에서 윗입술이 닫아지지 않아서 세로로 째진 언청이가 있는데 이를 영어로는 틈이라는 뜻의 'cleft'라거나 토끼입술이라는 뜻인 'harelip'이라 한다. 토끼는 쥐와 마찬가지로 이빨이 쉼 없이 자라나기 때문에 계속해서 무언가를 갉아야 한다. 그런데 딱딱한 먹이를 먹어야 하는 이것들의 이가 만일에 자라지 않는다면 늙었을 때는 이가 몽당이가 되어서 무도 못 갉아먹을 뻔하였다. "무 못 먹을 때 보자."라고, 늙어 힘 못 쓸 때 복수하겠다는 뜻의 속담이 생각난다. 그런데 흔히 쥐와 토끼를 묶어서 설치류(齧齒類)라고 하는데 그것은 잘못으로, 쥐는 설치류지만 토끼는 따로 토끼목으로 나뉜다. 쥐는 앞니가 아래위 오직 한 쌍뿐이지만 토끼는 앞니가 두 쌍이라는 데 그 근거를 두고 있다. 토끼는 겉에서 보면 앞니가 한 쌍이지만 큰 앞니 뒤에 작은 이가 한 쌍 더 가려져있다.

초식동물은 소나 염소처럼 반추위(反芻胃)를 가져서 되새김 질을 하는 것이 있는가 하면 토끼처럼 반추위 대신에 커다란 맹장이 있어서 거기에서 먹이를 발효시키는 무리가 있다. 이때 발효 담당자가 미생물인데 한마디로 풀을 먹는 동물들은 이런 공생세균 없이는 살지 못한다.

그런데 토끼는 두 가지 똥을 누는데 하나는 딱딱한 마른 똥 이고 다른 것은 걸쭉하고 부드러운 똥이다. 야산에 지천으로 널려있어서 주워다 약으로 쓰는 것이 전자고 후자의 것은 똥을 누자마자 토끼가 되주워 먹는데 양분이 덜 분해된 똥이기도 하 지만 무엇보다 똥에 발효 미생물이 그득하기 때문이다.

토끼도 세계적으로 여러 품종이 있다. 하얀 집토끼는 털이 흰 것도 특징이지만 눈이 빨간 게 더 그렇다. 흰 털은 돌연변이 에 의해서 색소를 만드는 유전인자가 없어져서 생긴 것으로 백 마, 백사, 흰까치 등이 생겨나는 원리와 같다. 그런데 눈알은 어 찌하여 그렇게 새빨갛단 말인가. 사람 눈동자가 검은 것은 눈 알의 저 안쪽에 있는 망막의 검은색이 반사되어 나타나는 것인 데, 흰토끼는 색소 돌연변이로 망막의 색소까지도 형성되지 못 하기 때문에 거기에 분포돼있는 실핏줄의 피색이 반사되어 눈이 빨갛게 보이는 것이다. 백인들도 망막의 색소는 생기기에 눈동자는 검으나 홍채의 색소가 제대로 생기지 못하여 우리처럼 검거나 갈색이지 못하고 푸르스름하게 보이는 것이다. 아무튼 토끼 눈이 붉은 것은 다름 아닌 피의 색깔 때문이다. 그런데 산토끼, 친칠라 등 털색이 회색이거나 회갈색인 토끼의 눈알은 붉지 않다는 것을 알아야 한다.

토끼의 또 다른 특징은 암놈이 수컷보다 덩치가 더 크다는 사실이다. 모든 포유류는 수놈이 크다. 수놈은 새끼를 키울 때 다른 놈들이 영역에 침입하지 못하게 하거나 먹이를 잡아다 어미와 새끼를 먹여 키우는 중요한 구실을 하는데 힘없는 토끼는 그렇지 못하기에 그런 것이 아닌가 싶다. 씨 뿌리는 것으로 제 몫을 다하는 수놈 토끼가 어쩌면 복 받은 동물이 아닐까.

뒷다리가 엄청 긴 토끼는 내리막길에서는 "아저씨! 아저씨!" 하고, 오르막길에선 "내 뭐 빨아라." 한다는데, 그래서 토끼몰이를 할 때는 위에서 아래로 내리쫓는 것이다. 이렇게 긴 다리 때문에 뜀박질하는 토끼를 보면 엉덩이 전체가 깡충거린다.

토끼는 집 짓는 재주가 있어서 앞다리로 땅을 파고 굴을 뚫어 거기에 제 몸의 털을 뽑아 깐 후 새끼를 낳는다. 태어나서 6개월이면 가임기(可姙期)가 되어서 새끼를 낳을 수 있으며, 임신 47일(어떤 것은 28일) 후면 한배에 보통 여섯 마리를 낳으니 무척이나 다산하는 동물임을 알 수 있다. 대부분의 토끼 무리는 눈도 뜨지 못하고 몸에는 털 하나 없는 빨간 핏덩어리로 태어나지만 어떤 종류는 자르르 기름기 흐르는 털을 둘러쓰고 태어나 사방팔방을 헤집고 다니기도 한다. 보통 어미의 보호를 오랫동안 받는 동물이 수명이 긴데 평균 가임 기간의 5배가 그 동물의 수명이다. 그래서 빨리 성숙하면 일찍 죽는다는 뜻인 조숙조로(早熟早老)라는 말이 생겼나 보다.

그런데 토끼가 이렇게 다산인 것은 방어 무기가 없는 무력한 동물이라서 그럴 것이라는 유추도 가능하다. 없는 사람들이 자식을 더 많이 낳듯이 말이다. 산에 토끼가 많다는 것은 다른 육식동물에게 먹이를 제공한다는 점에서 생태학적으로 중요한데 토끼가 먹이그물 형성에 큰 몫을 차지하는 것이다. 여하튼 털, 가죽, 고기에다 똥까지 주워다 약으로 쓰는 토끼는 그래도 우리 인간을 위해 태어난 것은 아니다. 토끼는 인간보다 빠른, 지금으로부터 5500만 년 전에 이미 지구에 온 우리의 대형(大兄)임을 알아야 한다.

쥐에 얽힌 말을 통해 본 쥐의 삶

우리가 좋든 싫든 간에 쥐는 약 8000~1만 년 전부터 인간과 더불어 살게 된 생물인데, 개나 고양이가 집짐승으로 적응하여 우리의 무릎에 앉기 전까지 인간과 가장 가까웠던 포유류가 아니었던가 싶다. 지금도 사정은 마찬가지라 사람이 있는 곳에는 항상 쥐가 설친다. 그래서 그런지는 몰라도 쥐에 얽힌 말이 참 많다. 몇 가지만 골라 소개하면서 쥐의 삶을 보도록 하자.

몹시 교활하고 잔일에 약게 구는 사람을 욕되게 일컫는 말이 '쥐새끼 같은 놈'인데, 이 이상 더 나은 비유는 없는 듯하다. 우리가 가장 많이 보는 쥐는 곰쥐, 집쥐, 생쥐 들인데 담벼락 밑 돌 틈이나 광 구석에서 대가리 살짝 내밀었다 쏙 들어가길 반복하는 약삭빠른 그놈들이 사람의 약을 팍팍 올린다.

그뿐인가. 천장에서는 따글따글 갉아대어 '서샌님, 서샌님' 하고 달래보기도 하고 작대기로 탁탁 때릴라치면 잠깐 동안 '쥐 죽은 듯'하지만 어느새 또 설쳐대고, 구석에 구멍을 내놓고 오줌까지 갈겨놓는다. 고얀 놈 같으니라고. 그 구멍도 곱게가 아니라 들쑥날쑥 흉하게 뜯어놨으니 '쥐가 뜯어먹은 것 같고', '쥐를 때리려 해도 접시가 아까워.'라며 참고 만다.

그런데 천장에서 유별나게 "우르르르—쾅쾅!" 여러 마리가 소란을 피우는 때가 있으니, 잘 들어보면 한 마리가 앞서가고 뒤에서 몇 마리가 쫓아간다. '꼬리에 꼬리를 물고' 점잖게 가는 게 아니라 무언가를 빼앗으려 한다는 느낌을 받는데, 실은 앞의 한 마리는 배란기의 암놈이고 뒤의 놈들은 정자가 쥐불알에 잔뜩 찬 발정기의 수컷들이다. 놈들의 짝짓기 다툼에 주인만 잠을 설치게 된다.

쥐는 세계적으로 1천8백 종이 사는데 포유류의 3분의 1을 차지할 정도로 종의 수도 많지만 개체 수도 많다. 그것도 그럴 것이 쥐만큼 다산하는 동물도 적어서, 이놈들은 한배에 6∼9마리를 낳고, 낳은 지 6주 후면 발정하고 교미하여 보통 21일 후면 또 새끼를 낳으니 말 그대로 기하급수적으로 늘어간다.

쥐의 체온은 사람과 비슷한 37도며, 영하 6도에서도 새끼를 깐다고 하니 역시 알아줘야 한다. 쥐를 고양이, 족제비, 너구리, 올빼미, 말똥가리 등의 천적이 먹어치워 망정이지 잘못하면 '쥐 세상'이 될 뻔했다.

쥐는 아무리 잡아먹혀도 살아남는데 생태적인 틈이 조금만 보여도 쳐들어가 자리를 잡으니, 남극을 제외하고는 쥐가 살지 않는 곳이 없다. 사람이 죽어나갔으면 나갔지 쥐는 영원히 지구의 주인으로 남을 것이니, '시궁창에 빠진 쥐'라도 건져주어 평소에 점수를 따놓는 것이 좋겠다.

미운 놈들이지만 그렇다고 쥐의 수가 줄어들거나 멸종되면 먹이사슬이 망가져 생태계의 균형이 깨지게 된다. 이렇게 되면 올빼미의 울음과 맵시 나는 말똥가리의 비상을 못 보게 된다.

한데 이 쥐들은 토끼들과 마찬가지로 이가 끊임없이 자라나 쉴 새 없이 집의 대들보나 서까래는 물론이고 요새는 전깃줄, 가스관도 갉아댄다. 사실 딱딱한 먹이를 먹는 쥐들이 이가 자라지 않는다면 얼마 가지 않아 이빨이 닳아져 아무것도 못 먹고 죽을 것이다. 참고로 쥐의 앞니는 아래위에 2개씩이나 토끼는 4개씩이라 차이가 나지만, 이것들은 이빨 끝이 끌같이 예리해 밤이나 도토리를 쉽게 먹어치운다. 이렇게 모든 동물은 다 살게끔 되어있다.

천장에서 딸그닥거리는 쥐소리에 밤잠을 설치기도 하지만 그것들이 싸놓은 오줌에서 나는 지린내 또한 만만찮다. 이 지독한 냄새는 콩팥의 수분 재흡수율이 높아서 그런 것으로, 이 때문에 물이 없는 사막 같은 데서도 설치류는 살아남는다. 오줌의 지린내는 요소의 냄새기 전에 개나 쥐들의 중요한 생존수단인 것이다.

쥐도 텃세를 하느라 일정한 장소에 오줌을 갈겨서 이곳은 내 땅이라고 푯말을 박아놓는데, 오줌은 성적으로 상대방을 흥분시키는 유인물질의 역할을 하기도 한다. 한마디로 소변은 적에게는 경계물질이고 암놈에게는 배란을 촉진하는 '사랑의 향수'가 되는 것이다. "쥐는 소변으로 말한다."라고 해도 될 듯하다. 수캐의 오줌도 역할이 같아 길가의 전봇대마다 뒷다리를 치켜든다.

우리는 왜 오늘도 이 고생들을 하면서 사는 것일까? '쥐 밑살 같은' 대접을 받으면서 말이다. 이 말에 독자들은 자조하고 삶에 회의를 느껴서는 안 된다. 오늘 하루도 숨 쉬고 사는 것이 얼마나 행복한가를 모르는 사람이 하는 생각이요, 말이기 때문이다.

'송곳집에나 쓰는 쥐꼬리'란 말은 쓸모가 없다는 말인데, 쥐는 그 꼬리가 없이는 살 수 없다. 나무를 타고 오를 때 꼬리를 줄에 딱 붙여 몸의 중심을 잡기에 그렇다. 그리고 '쥐꼬리만 한 월급'이라고 하는데, 어디 쥐꼬리가 그렇게 짧단 말인가. 들쥐를 제외하고는 쥐는 꼬리 길이가 몸길이보다 길지 않은가. 몸통보다 더 긴 쥐꼬리기에 그런 점에서 적절하지 못한 빗댐이요 비꼼이 아닌가 싶다.

학교 다니는 아이들을 유심히 살펴보면 꼭 제가 다니는 길이 있어서 꼭 그 길로 골목의 전신주를 만지거나 툭 치며 다니고, 차를 모는 사람도 길을 정해 그 길로만 다니는 경우가 많다. 쥐도 다니는 길이 있어서 그 길은 반들반들하지 않던가. 고양이도 그것을 알고 그 길목을 지키고 있다가 덮친다.

막다른 골목에서야 '생쥐도 고양이한테 덤벼'보지만 역부족인 것을 어쩌겠나. 어쨌거나 쥐도 가을이 되면 살을 포동포동 찌워 겨울 채비를 한다. 겨울이란 생물에게 시련을 주는 기간이니, 들쥐들은 열심히 벼 이삭을 물어다 굴에 갈무리를 해둔다. 그런데 저 북쪽의 내 동포들은 먹을 것이 없어 들쥐 굴을 찾아 헤맨다고 하니, 유구무언이다.

예리한 콧날에 검은빛이 영롱한 눈알, 잽싼 몸놀림의 주인공인 쥐는 누가 뭐래도 지구의, 우리의 친구이다. 더불어 같이 살아야 할 존재요 운명체인 것이다. 우리 모두 지구를 가슴에 안고 살아가는 느긋함을 가져야겠다. 그러니 같은 직장의 동료들이야 더 말해서 뭐하겠나.

벌이 이슬을 먹으면 꿀이 된다

벌이 이슬을 먹으면 꿀이 된다고 했던가. 벌 하면 꿀벌을 연상하게 되고, 그것들을 개미와 함께 사회생활하는 동물의 예로 많이 든다. 벌은 여왕, 수놈, 암놈으로 일을 나누어 하면서 질서와 법도를 철저히 지킨다. 사람도 잘 뜯어보면 그 얼개가 비슷하여 인권이, 직업의 귀천이 어쩌고저쩌고 하지만 '잘난 놈, 못난 놈'이 있어서 '계급'이 정해져있다. 그래서 그 꼭대기를 차지하기 위해 박이 터져라 싸우고 눈이 빠져라 공부하는 게 아닌가. 거기에 덧붙여서 실은 누가 뭐래도 약육강식의 세계인 정글의 법칙이 우리 사회를 지배하고 있다는 것을 부인하지 못한다. 원래 서양 자본주의는 다윈주의의 경쟁과 적자생존 원리에 뿌리를 뒀기에 그렇다. 우리는 오늘도 지옥과 천당 위를 가로지른 외줄을 타고 있다.

꿀벌에 대해서는 우리가 알 만큼 알고 있으니 여기에서는 주로 사회생활을 하지 않는 외톨이벌(solitary bee)을 중심으로 살펴보자.

세계에 분포하는 2만 종이 넘는 벌 중에서 단독생활을 하는 것이 85퍼센트나 된다고 하니 벌에 대한 인식을 바꿔보는 것도 좋겠다. 어쨌거나 외톨이벌의 암컷은 태어나자마자 수벌과 교미하고, 주로 땅속에 알 낳을 집을 지은 후 거기에 꿀을 채우고 나서는 산란하고, 그 새끼벌이 깨어나기도 전에 죽는다.

벌은 개미와 아주 유사한 동물이라 두 무리를 묶어 날개가 투명한 막을 갖는다는 뜻인 막시류(膜翅類)에 넣으며, 외톨이벌들은 꿀벌보다는 오히려 벌레를 잡아다가 거기에 알을 낳는 말벌 무리와 생태가 비슷하다. 그리고 외톨이벌의 크기는 1.5～4밀리미터로 아주 작으며 체색은 무지개색 등 일반적으로 현란하고 다양한데, 여기서는 그중에서도 길이가 4밀리미터 정도인 히라이우스[Hylaeus] 속에 속하는 종을 기준으로 삼아 얘기하려고 한다.

눈에 띄지도 않는 뭇 야생벌이나 파리 무리는 경제적으로 매우 중요하다. 곡식뿐만 아니라 특히 야생식물의 수분을 이들이 도맡아 하기 때문이다. 저 심심산천에 피어있는 야생초의 꽃가루받이를 누가 하는가를 생각해보면 그 미물들이 우리 편임을 알게 된다. 그 잡초의 씨를 개미나 새들이 먹는다고 치면 생태계의 형성에 얼마나 중요하냐는 것이다.

혼자살이 하는 히라이우스는 풀이 없고 아침햇살이 드는 물기가 적은 부드러운 흙바닥에 개미나 말벌처럼 땅굴을 파서 작은 방을 만들어놓고 거기에 꿀과 꽃가루를 채운 후 알을 낳고 뚜껑을 덮는다.

이들은 낮에는 먹이를 모아오고 밤에는 또 다른 방을 만드느

라 땅을 파야 해서 언제나 바쁘다. 방이 대략 만들어지면 그냥
꿀을 채우는 게 아니라 흙 속의 세균이나 효모·곰팡이·선충
류 들의 공격을 받지 않게끔 방 둘레에, 꼬리 독침 가까이에 있
는 두포샘에서 나오는 기름지고 사향 냄새나는 방수 분비물을
바르기도 하고, 송진이나 이파리 조각을 물어와 벽면에 깔기도
한다.

자식을 위한 어미들의 보살핌에는 하등, 고등이 없다. 투명한
방수막은 1년 또는 여러 해 동안 아무 탈없이 유지되기도 한다
는데, 나중에 알에서 깨어난 유충이 어머니의 침인 그것을 먹
어치우기도 한다.

꿀과 꽃가루를 먹고 자란 애벌레는 번데기가 되었다가 성충
이 되어 나오는데 암놈은, 떼를 지어 암놈을 기다리는 수벌들
이 있는 곳으로 날아가 저보다 조금 먼저 나온 수벌과 교미를
한다.

꿀벌의 여왕벌이 봄철에 수벌과 교미하여 정자를 저정낭(貯
精囊)에 넣어놓고 평생 동안 필요할 때마다 꺼내 쓰듯이, 이 암
벌도 정자를 저정낭에 넣어둔다. 그리고 집을 지어 꿀을 채워
놓고 나면 저정낭을 열어 알과 정자를 수정시키고 그 알을 아
기방에 낳는다.

이 외톨이벌은 살아있는 시간이 짧아 암놈보다 수놈이 빨리
성숙하는 웅성선숙(雄性先熟)을 하는 데 반해, 인간처럼 오래
사는 동물은 자성선숙(雌性先熟)을 한다. 초등학교 5학년이면
여자아이들은 초경을 한다는데 철딱서니 없는 사내아이들은

아직도 여학생들의 치마나 들추면서 '아이스케키'를 외치지 않는가.

외톨이벌 수벌은 태어나 암놈과 교미만 끝나면 죽어버린다. 매미나 반딧불이 수놈도 똑같은 신세인데, 더더욱 억울한 것은 유전인자도 못 전해보고 죽는 수놈들도 수두룩하다는 것이다. 극락조처럼 힘세고 건강한 유전자를 가진 수놈 한 마리가 여러 번 짝짓기를 해버리는 것과는 반대로 말이다.

사람이 수만 가지 직업으로 돈을 벌어먹고 살듯이 벌들도 집 짓고 새끼 치는 방식이 모두 다르다. 또 다른 외톨이벌들은 땅 위에다 진흙, 송진, 식물의 섬유, 대나무 등을 이용하여 집을 짓는다. 그들도 그 안에 꿀과 꽃가루를 먹이로 저장하는데, 어떤 말벌 무리는 곤충의 유충들을 물어와 방에 넣고 거기에다 알을 낳는다. 이들 애벌레는 초식을 하고 말벌 새끼는 육식을 하는데 분명한 것은 육식한 것들이 건강하고 사납고 공격적이라는 것이다.

땅벌이나 꿀벌은 외톨이벌과 달리 집을 밀랍(왁스)으로 짓는데, 왁스는 풀이나 나무의 이파리 겉껍질에서 입으로 갉아온 것으로 이것도 물이 배어들지 않는다. 나뭇잎이나 과일이 반들반들하고 광택이 나는 것은 바로 이 왁스 때문인데, 이것이 수분의 증발이나 병원균의 침투를 막는다. 귤이나 사과를 오래 두고 먹을 수 있는 것도 이 왁스가 마르는 것을 예방하기 때문이다. 그래서 꿀벌집의 왁스도 방수 역할을 하는데 불행히도 사람은 그것을 소화시키지 못한다.

벌은 꽃에서 단물을 빨아들여 위장에 넣어와서는 다시 그것을 토해내어 꽃가루와 섞어서 집에다 저장한다. 식물의 단물이 꿀이 되는 데는 벌의 신통력이 들어가니 꿀은 벌이 위장에서 효소를 분비하여 단물을 변성시키고 또 날갯짓을 계속하여 물을 증발시킨 것이다. 그래서 꿀은 뽀독하고 썩지 않는 것이다. "꿀도 약이라면 쓰다."라고 하지만 꿀은 그동안 만병통치약으로 대접받아왔다.

꽃가루는 벌이 꿀을 모으다가 얻는 보너스인데, 암술 저 아래에 있는 꿀샘의 꿀물을 삼키려고 깊숙이 머리를 처박다 보면 전신에 나 있는 성성한 털에 꽃가루가 그득 묻는다. 그러면 벌은 온몸의 것을 쓸어 모아서 뒷다리에 있는 가루를 붙이는 홈에 그것을 꼭꼭 짓눌러 꽃가루 덩어리를 만든다. 꿩 먹고 알 먹는 일이 그리 쉽지 않은데 꿀벌은 재주도 좋아서 꿀과 꽃가루를 모두 얻는다.

벌과 나비는 이꽃 저꽃으로 날아다니면서 꿀을 따면서도 공짜를 싫어하여 꽃가루를 옮겨줘서 갚음을 하니 식물의 결실에 도움을 준다는 것이다. 세상에 어디 공짜가 있는가. 쉽게 벌어 편하게 살려는 동물은 사람밖에 없으니 너나없이 벌과 개미의 부지런한 역사(役事)의 값짐을 본받아야 하겠다.

벌이 식물의 꿀물을 효소처리하고 까실까실하게 증발시켜 썩지 않는 꿀을 만들어 저장하는 것은 절대 우리를 위함이 아니고 곰팡이나 세균이 달라붙어 먹이가 썩는 것을 막자는 데 있다. 얌통머리 없는 사람이 꿀을 따는 행위는 곰팡이만큼이나 잔인하고 가련한 강도짓이라는 것도 알아야 하겠다. 굶어본 사람이라야 그 처참한 배고픔을 안다. 덩치 큰 사람이 곤충들의 먹이를 치사하고 남세스럽게도 도둑질을 하다니. 꿀을 빼앗긴 벌들은 얼마나 분개하고 배고파 하겠느냐는 것이다.

그런데 이 단독생활을 하는 벌의 새끼 집을 공격하는 곰팡이는 1백24 종이나 된다고 하는데 이 때문에 외톨이벌은 집에 꿀과 꽃가루를 채운 다음 산란을 하고는 집의 뚜껑을 씌우는 것을 잊지 않는다. 만일에 먹이가 곰팡이의 침입을 받아 썩으면 집을 부숴서 땅에 묻어버린다. 꿀벌 중에도 위생적인 유전자를 가진 일벌은 크던 유충이 죽으면 집 뚜껑을 열고 끄집어내어 밖에 내다버리는데 비위생적인 놈은 썩거나 말거나 내버려둔다고 하니 사람도 굳이 나눈다면 그런 구분이 가능할 것이다.

그런데 어느 세상이나 비열하고 야비한 족이 있게 마련이라 외토리벌 중에서도 땀 흘려 집 짓지 않고 물론 꿀도 모으지 않으면서 빈둥거리며 놀다가 낌새를 채고 날아가 거리낌없이 다른 벌을 공격하여 쫓아내고 그 집에 알을 낳는 무리가 있다고 한다. 뻐꾸기 행태를 닮았다고 하여 '뻐꾸기벌'이라고 부르는데 이런 것들이 단독벌의 15퍼센트나 된다고 한다. 이것을 닮아서 사람도 죽기 살기로 일하는 사람이 전체 85퍼센트나 될지 모르겠다. 연구에 따르면 30퍼센트의 사람이 있으나마나 하다는데 사람에 비하면 그래도 뻐꾸기벌이 부지런한 편이다.

그런데 뻐꾸기벌은 이미 알을 낳은 집에도 덧붙여 산란을 하는데 뻐꾸기 새끼가 뱁새 새끼들을 밀어내 버리듯 이 벌 새끼도 어미를 빼닮아 원래 있던 놈을 공격하여 죽이고 먹이를 다 차지한다니 참으로 무서운 세계가 도처에 무진장 깔려있다. 같은 종이지만 집 차지에는 양보가 없는 것은 물론이고 게다가 곰팡이, 개미, 말벌, 파리, 풍뎅이 등 주변의 모두가 사생결단 공격해오니 자식 하나 건사하기가 참 어렵다. 어쨌거나 외토리 벌 암놈은 후손을 남기기 위해 혼자서 무던히도 애를 쓴다. 제가 처한 환경이 어려울수록 더 많은 유전자를 남기려 하는 것은 사람이나 외토리벌 모두 같다.

인사를 해도 대답 없이 망연히 달아나버리는 사람을 조롱할 때 "벌 쐰 사람"이라 하고, "자는 범 코침 주기"처럼 섣불리 잘못 건드려 소동이 났을 때 "괜히 벌집을 건드렸다."라고 한다. 필자도 어릴 때 소에게 꼴을 먹이러 갔다가 땅벌과 다투기를 많이도 했는데 황소놈도 그놈들 떼거리에 걸리면 혼쭐나는 판에 어린아이인 우리야 눈두덩이에 한 방만 맞아도 부어올라 금세 눈알이 없어져버리고 말았다.

그렇다고 당하고만 있을 우리가 아니라 가을걷이 때쯤이면 짚단을 벌집 입구에 여러 단 질펀하게 깔아놓고 불을 지르고 죽이 맞는 다른 또래들은 곡괭이로 소가 겨리질하듯 벌집을 파뒤집어 복수를 한다. 집이 하도 깊게 박혀있어 씨를 말리지는 못한다. 예로부터 땅벌의 집을 통째로 파내 유충을 약으로 먹었다고 하는데, 그래선지 지금도 시장통에서는 여러 가지 벌통을 가져다 판다.

필자는 어릴 때 집에서 꿀벌을 키웠기에 그놈들과 친하게 지냈다. 늦은 봄 마당에 벌이 한가득하면 집안이 갑자기 분주해 진다. 제일 먼저 박 바가지를 준비해서 그 안에 꿀을 바르고 벌 떼가 어디로 가는가를 지켜본다. 벌 떼가 뒷산으로 날아가기도 하지만 대부분은 가까운 감나무에 둥지를 틀기에 그 벌 떼를 따서 새 벌통에 넣었다. 벌들이 분가를 했다는 이야기인데, 지 금까지 벌통을 지키던 늙은 어미 여왕벌이 이 집을 나간다는 것은 무엇을 암시하는 것일까. 세상살이에 익숙하지 못한 새끼 여왕벌을 정붙여 살던 집에 살라 하고 어미가 나오는 것일까.

사실 새로운 여왕벌의 탄생은 일벌들에 의해 이루어진다. 새 끼 수가 자꾸 늘어나고 여왕벌이 늙어 분비하는 페로몬이 줄어 들면 그것을 알아차린 일벌들이 턱샘에서 분비한 로열젤리를 특별히 한 마리의 유생에게만 먹여 새 여왕을 탄생시켜 늙은 천덕꾸러기 여왕벌을 쫓아낸다고 하니, 늙은 여왕벌이 자진해 서 나온 것은 아니라는 말이다. 애잔코 비통하지만 늙으면 다 그렇게 고려장을 당한다.

일벌은 암놈이기는 하나 알을 못 낳고 산란관이 침으로 바뀌 어 우리네 어머니들처럼 일만 하다 일생을 마치고 만다. 그 많 은 벌들은 오늘도 정해진 그들의 일과를 따라 살고 있을 텐데, 쳇바퀴를 돌고 도는 우리의 인생도 그들과 뭐가 다르겠는가. 어느 생물이나 알쏭달쏭 남다른 특징이 있어 보이지만 속을 들 여다보면 같은 점이 더 많다.

3부 인체의 모듬살이

살갗이 도토리묵처럼 흐물거린다면?

　사람도 다른 대부분의 동물과 다름없이 난자라는 커다란 반 쪽짜리 세포와 또 다른 불완전한 세포인 정자가 수정되고 세포 분열을 2백14 번 계속하여 1백 조 개의 세포 덩어리가 되어 어른이 된다. 전체적으로 보면 평생 동안 2백17 번을 분열하여 1 백 조 개의 1천 배나 되는 세포를 만들지만, 1백 조 개말고는 모두가 죽은 세포 자리를 채우려고 새로 형성되는 것이다. 태어나 살다가 죽는다는 것은 실은 세포가 태어나 죽기를 반복한 결과인 것이다. 피부에서 죽어 떨어져나가는 때가 그렇고, 대소변에 묻어 나가는 배설물에도 세포의 시체가 그득하다.

　때꼽재기 말이 나왔으니 말인데, 때수건으로 껍질을 벗기듯 이 살갗을 밀어대는데도 세포들이 흐물흐물 떨어져나가지 않고 질기게 서로 붙어있으니 그들은 무슨 재주를 가지고 있는 것일까? 세포는 따로 떨어져있지 않고 세포막에 특수분자들이 있어서 세포끼리 서로 꽉 잡아매고 있다. 세포는 항상 일정한 모양만 하는 게 아니라 형태를 바꿀 수가 있고 또 이동도 하며 분열, 분화하는 가변적인 것이면서도 어딘가에 달라붙는 힘도 있다. 가장 쉬운 예로 인조 치아를 턱에 박거나 부러진 뼛속에 쇠막대기 심을 넣어두면 성한 세포들이 강하게 달라붙어 곧 자리를 잡게 된다.

어쨌거나 세포가 다른 세포나 물질에 접착하는 데는 인테그린(integrin)이라는 단백질이 관여한다. 한 예로 백혈구는 세균이 침입하면 즉각 알아차리고 달려가서 병원균의 둘레에 허족(虛足)을 내어 달라붙어서 가수분해효소를 분비해 죽이는데, 이때도 인테그린을 만들어서 병원균을 꽉 틀어잡는다. 더 재미있는 것은 세포가 상처를 입으면 셀렉틴(selectin)이라는 물질을 쏟아내어 지나가던 백혈구를 멈추게 하거나 또는 멀리서 달려오도록 한다는 것이다. 우리가 전혀 모르는 일들이 내 몸 안에서 이렇게 신비하게 일어나고 있는 것이다.

여기에서 말하는 인테그린은 다른 말로는 '세포 풀(cellular glue)'이라고 하는데, 또 다른 예로 피가 어떻게 응고되는가를 통해 그 기능을 알아보자. 혈관이 다쳐 피가 밖으로 흘러나와 공기와 접촉하면 피 속의 혈소판이 살갗에 달라붙으면서 트롬빈(thrombin)이 분비되고 인테그린이 많이 생기면서 지나가는 피브리노겐(fibrinogen) 단백질을 잡아 묶는다. 결국은 혈소판과 다른 적혈구 등의 물질이 서로 엉켜서 그물을 치게 되며 피가 굳어진다. 그리고 '다쳤다'는 신호가 전해지면 지금까지 늙어 죽던 세포가 죽음을 정지하는 것은 물론이고 핵 속에 있는 '성장 인자'가 활성화되어 세포분열을 하는데, 이때도 인테그린이 관여한다. 상처 부위에 곧 새 살이 차 올라와 낫게 되는 것도 그래서다.

그런데 어떤 돌연변이로 인해 인테그린이 생기지 못하는 경우가 있는데, 이런 경우 초파리나 쥐는 죽어버리고 사람의 경우에는 근육이나 결합조직이 쉽게 파열되기도 한다. 암세포가 여기저기 옮겨다니는 이행(전이)을 하는 것도 세포 풀이 약한 탓인데, 대신에 전이된 조직에 새 혈관을 형성하는 것은 촉진시킨다.

인테그린에는 대표적으로 콜라겐(collagen), 라민(lamin), 피브로넥틴(fibronectin)과 같은 20여 종의 단백질이 있다. 어쨌거나 살갗의 세포들이 인테그린이란 단백질 덕에 저렇게 서로 단단하게 묶여져 잘 떨어지지 않으니 그저 신기하기만 하다. 도토리묵을 닮아 살점이 흐물흐물 떨어져나가면 어쩔 뻔했겠는가.

그런데 앞에서도 말했듯이 우리 몸을 구성하는 이들 세포들은 영원히 사는 것이 아니라 죽고 태어나기를 반복한다. 그러나 신경과 근육세포는 한번 만들어지면 새로운 세포를 만들지 않고 늙어가면서 죽어나가기만 한다. 상피세포(上皮細胞)는 죽으면 저 아래에 있는 기저세포(基底細胞)가 몸이 늙어도 분열능력을 가지고 있어서 새 세포로 대체되는데, 적혈구나 백혈구는 일정한 기간을 살고 나면 곧장 죽는다.

여기에서는 상피세포에 대해 좀더 .구체적으로 알아보자. 이것은 외부의 자극을 받아 상처가 나기 쉬운 곳으로 이 때문에라도 새 세포가 생겨나야 하는데, 창자의 상피세포는 아래에 있는 기저세포가 분열하여 35시간 만에 제일 위로 밀려올라오고 그것은 3~5일 동안 흡수 기능을 발휘한 다음에 죽어버린다. 이렇게 위, 소장, 대장의 상피세포는 수명이 1주일이 채 못 되는 것으로, 대변의 상당량이 바로 이 상피세포 시체다.

몸 밖의 상피세포도 다름없으니 예로 손등의 세포는 그래도 창자의 것보다는 장수하는 편이라 생겨나서 2~4주간 살다가 때가 되어 떨어져나간다. 집안 청소를 해보면 언제나 먼지가 나오는데, 그중 밖에서 들어온 먼지는 얼마 안 되고 대부분은 사람들의 피부에서 상피세포가 가루 상태로 떨어진 것이다. 이렇게 사람은 태어나 죽을 때까지 때먼지를 만들어내므로 에너지 보충 외에 새로운 세포를 만들기 위해서도 끊임없이 먹어야 한다.

또 혈관을 따라 도는 몸의 경찰인 백혈구는 고작 1주일만 살다 죽고 적혈구는 120일을 산다. 이것들이 죽으면 그 시체를 치우는 것 역시 백혈구로, 그중에서 대식세포(大食細胞)가 도맡아 먹어치우니 늙은 구닥다리 적혈구를 하루에 무려 1천억 개씩 처리한다고 한다. 적혈구가 30조 개나 되니 생사의 일이 무척 복잡다단하다. 또 미토콘드리아도 10일 정도만 살고 죽는다고 하니, 몸 안이 온통 화장터인 셈이다.

그런데 백혈구들은 병원균이나 몸 안에서 병들어 죽은 세포를 어떻게 처리하는 것일까. 백혈구 안에는 세포소기관인 리소좀(lysosome)이라는 전자현미경적인 작은 주머니가 있는데, 그 안에는 40가지가 넘는 소화효소가 들어있어서 이것들이 잡아먹은 이물들을 녹여 없애버린다. 이 리소좀은 세포에 핵이 있는 동물세포에는 다 있으나 식물세포에는 없다.

대신 식물세포에는 액포(液胞)라는, 동물세포의 리소좀 주머니에 해당하는 것이 있어서 가수분해효소가 거기에 들어있다. 액포는 노폐물의 분해 기능말고도 양분이나 노폐물을 저장하기도 하고 화청소(색소)도 내포하고 있어서 꽃색이나 단풍의 빨간색을 발하게 한다. 마늘, 양파의 맛은 말할 것도 없고 고무나 아편 같은 성분도 모두 액포에 저장되어있다.

여기에서 하나 혼란을 피해야 할 것은 창자와 리소좀의 소화효소가 다르다는 것인데 소화액은 세포의 다른 기작으로 합성된 것이 세포막을 통해 바깥으로 나온 것이고 리소좀의 효소는 세포 안에서만 그 기능을 발휘한다는 것이다. 이 때문에 세포라는 것이 그렇게 간단하지 않고 죽고 나기를 반복한다. 내일보다 어제가 더 많은 나는 '죽음'이란 말만 나와도 갈기가 뾰족 서는 듯하니 아직도 추악한 노욕(老慾)을 버리지 못한 탓이리라.

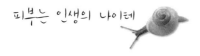

피부는 인생의 나이테

나이가 들수록 사람은 나이를 잊고 살고 싶어한다. 그러나 많이 가진 사람이든 아무것도 가진 것이 없는 사람이든 세월이라는 풍화작용에서 비껴날 수는 없다. 늙음을 멈추어보려고 별별 수를 다 쓴다 해도 나이가 들어감에 따라 털은 세고 피부에도 세월은 켜켜이 쌓여만 간다.

그러고 보면 터럭과 살 껍질이 젊음과 건강의 상징이요 늙음의 바로미터가 되는 것은 예나 지금이나 다름이 없다. 젊고 건강한 사람의 머리칼에는 반지르르 윤기가 돌고 살갗에는 촉촉이 기름기가 흐르니, 그것이 건강미가 아니겠는가.

피부는 육체의 건강에만 관여하는 것이 아니다. 자식의 뺨을 어루만지는 어머니의 따스한 손바닥은 곧 사랑이다. 이처럼 피부의 접촉은 사랑의 표현이고 통로니 부모와 자식 사이에 접촉이 많을수록 좋은 것은 당연하다. 얼마나 많은 아이들이 어머니의 따스한 손길을 갈구하는지 모른다. 서양 사람들은 이것을 스킨십이라 하여 그것의 중요성을 강조하고 있다.

사람의 피부를 살펴보면 제일 밖은 죽은 세포가 기왓장처럼

10~20개 정도 포개진 케라틴층이 이루고 있으며, 그 밑으로 죽어가고 있는 상피층(上皮層)과 세포분열이 왕성한 기저층(基底層)이 있으며, 더 밑으로는 결합조직인 진피층(眞皮層)이 있다. 여기에서 케라틴층을 '속때'라고 하면 가장 이해가 빠른데, 이것이 피부를 감싸 병원균의 침입을 막고 몸에서 수분이 증발하는 것을 방지한다.

그러나 무지한(?) 많은 사람들이 목욕할 때 거친 때수건으로 살갗을 박박 문질러 벗겨버리니 피부가 손상을 입게 된다. 너무 심하게 문지르고 나면 아프고 따가워지는데, 이는 케라틴층 말고도 기저층 아래의 진피까지 상처를 입어 살갗에 적혈구가 배어나와 그런 것이다. 이럴 때는 핏기까지도 비치는데, 그것은 실핏줄이 터져서 그런 것이며, 그 부위가 쓰린 것은 피부 속의 신경을 건드렸기 때문으로, 다르게 말하면 생살이 떨어져나간 것이다. 세상에 이렇게 제 살을 생채기 내는 동물이 또 어디 있단 말인가! 때는 절대로 벗기는 것이 아니고 비누로 녹이는 것임을 알아야 한다. 하지만 비누를 많이 쓰는 것도 옳지 않은 방법이다. 우리 피부에는 여러 가지 유익한 세균들이 살고 있어서 다른 세균의 침입을 막아주는 역할을 하는데, 비누를 너무 많이 쓰면 이 유익한 세균들마저 씻겨나가기 때문이다.

앞에서 피부의 제일 바깥은 케라틴으로 덮여있다고 했는데, 머리카락을 비롯한 몸의 털은 물론이고 손발톱도 모두 피부가 변한 케라틴물질이다. 피부의 케라틴이 제1형이라면 털과 손발톱은 딱딱한 제2형 케라틴이다. 그리고 참고로 땀이나 침, 젖,

눈물도 피부세포가 만들어내는 것임을 보면 피부는 단순히 몸을 덮고만 있는 것이 아니라는 것을 알 수 있다.

또한 산성과 알칼리성에 반응을 보이는 리트머스처럼 피부는 내장의 건강 정도를 나타낸다. 예를 들어 위나 장이 좋지 않으면 엉뚱하게도 얼굴에 뾰루지가 생겨난다. 부스럼인 줄 알고 연고를 바르지만 그게 나을 리가 만무하니, 내장을 다스려야 치료가 된다. 묘한 일이 아닌가.

사람의 얼굴에는 그 사람의 삶의 역사가 배어있어서 늙으면 주름투성이에다 사람에 따라서는 미간에 내 천(川)자를 닮은 축협 마크를 달게 되기도 한다. 사실 노인의 주름살과 흰 머리카락은 인생을 열심히 살았다는 생의 월계관이다. 그래도 피부를 젊게 하는 방법이 있으니 물을 많이 마시는 것이다. 물은 세포의 팽압을 높여 팽팽하게 해주므로 주름이 덜 생기고, 또 몸의 노폐물도 씻어내 장수하게 한다.

세계의 인종은 피부의 색깔에 따라 크게 황인, 백인, 흑인으로 나뉘는데, 피부색 때문에 인종차별을 하고 또 당한다니, 이런 것을 보면 인간이란 얼마나 용렬한 동물인가. 온 피부에 퍼져있는 검은색을 띠게 하는 멜라닌 색소를 다 모아도 찻숟가락 하나가 되지 않는다는데 검둥이니 흰둥이니 노랑둥이니 하며 차별하니 말이다.

강한 햇볕을 받는 곳에서 연년세세 적응하며 살아온 사람들의 경우에는 자외선을 차단하여 피부암의 발생을 막기 위해 멜라닌 색소가 많아졌으니 이들이 흑인이요, 1년 중에 두 달도 햇빛이 비치지 않는 곳에 살아야 했던 사람들은 멜라닌이 필요 없어 만들어지지 않았으니 이들이 백인이며, 볕이 센 편인 곳에 살기에 누르스름하게 된 이들이 우리 같은 황인종이다. 그리고 사람도 주변의 환경과 비슷한 보호색을 갖는다는 이론이 맞다면, 우리 민족이 사는 곳엔 황토가 많아서 우리가 황색인이 된 것인지도 모를 일이다.

어쨌거나 한마디로 몸이 튼튼하면 따라서 피부도 고와진다는 것을 알았는데, 몸의 건강은 마음에 달렸다고 하니 피부는 곧 그 사람의 마음을 알리고 있는 것이 아니겠는가. 능청맞게 깐죽거리고 이죽거리기 좋아하는 사람의 상판대기는 보는 사람의 기분까지도 상하게 한다. 마음이 건강하려면 많이 웃어야 한다. "웃다 보면 즐겁고, 울다 보면 슬퍼진다."라며 "얼굴이 웃으면 뇌가 웃는다." 하니 인생을 즐겁게 사는 사람은 피부도 곱게 웃게 된다. 아무리 찍어 발라도 마음까지 가릴 수는 없지 않겠는가. 사람이 제 늙는 것은 모르고 남 늙음만 보인다고 하던가. 어쨌거나 덕기 어린 눈에 미소가 자르르 흐르는 얼굴을 지녀 곱게 늙어가는 것이 소원 가운데 하나나 그게 그리 쉽지 않다는 것을 필자도 느끼면서 살아간다.

등과 어깻죽지

"네가 나의 등을 긁어주면 내가 너의 등을 긁어주마."라는 말을 보면 분명히 등은 내 몸의 일부인데도 내 손으로 쉽게 긁어댈 수가 없는 저 먼 곳에 있다는 말이 되겠다. 그래서 어릴 때는 엄마가 등을 긁어주었고 늙으면 손자·손녀들이 해줬으면 좋겠는데, 그게 잘 안 되니 '효자손'의 대용 '나무손'이 등장했다. 제 몸에 제 손이 안 닿는 것도 그렇지만, 제 눈으로 바로 밑에 있는 코도 못 보는 게 사람이 아니던가.

어려서부터 어머니와 등은 떼어놓을 수 없는 관계였다. 어머니는 젖을 먹이고 등줄기를 훑어서 트림을 시켰고, 속이 안 좋으면 등을 두드려 토하게 했으며, 배가 아프다면 등을 콩콩 두드려주셨다. 그뿐인가. 어머니는 들일을 나가실 때도 우리를 띠에 둘둘 감아 업고 다니셨으며 그때마다 우리는 엄마 등에서 고개를 처박고 잠들었으니 우리는 거의 다 엄마 등에서 크고 자랐다. 요새는 세상이 좋아 자식을 멜빵에 집어넣어 '캥거루'처럼 가슴팍에서 키우고, 길가에서 캥거루 아비를 보는 것이 예삿일이 되고 말았다. 그러다 보니 아이 등을 토닥거리기가 더 좋아졌다.

등과 관련된 말 중에 "등을 돌린다."라는 말이 있다. 지금까지는 잘 지내오다가 갑자기 배신한다는 뜻도 있고 거부나 무시의 표현이나 무례함도 들어있다. 옛날 관리들은 어전에서 나갈 때 등을 보이면 안 되어 뒷걸음질해야 했고, 며느리들은 시아버지 방을 나갈 때 고개 숙인 채 치맛자락을 감아쥐고 뒷걸음으로 문지방을 넘었다. 이때 시아버지는 서서 여유 있게 두 팔을 등 뒤로 보내 뒷짐을 지는데 이것은 여유요, 권위요, 쉼을 나타내는 제스처였다. 그리고 아랫사람들은 고개를 숙일 대로 숙여서 구부러진 등을 보임으로써 윗사람들에게 복종과 존경을 나타냈다.

일본 사람들은 여자의 등을 성적인 부위로 생각하는데, 특히 게이샤의 기모노는 등이 파일 대로 파여 남자 손님 앞에 꿇어 엎드리면 엉덩이 부위까지 보인다고 한다. 그런가 하면 중국 사람들은 발을 중시하여 전족이 생겨났고 맨발을 남성에게 보이면 몸을 허락한다는 뜻이라는데, 그 흔적을 우리네 조상에서도 볼 수 있었으니, 할머니들은 자고 나면 제일 먼저 버선을 신으셨다. 한데 우리 조상들은 겨드랑이를 매력적인 부위로 봐서 한복의 그 부분이 깊게 파인 것은 아닌지 모르겠다.

어쨌거나 사람의 등은 늙으면서 굽어간다. 33개의 등뼈가 젊을 때는 곧으나 뼈에 나이가 쌓이면 무거워져 등이 휜다. 특히 남자들의 경우에는 힘든 일을 등이 도맡아서 하므로 등이 활처럼 휜다. 사람만큼이나 넓적한 등을 가진 동물이 없는데, 등을 이용하게 된 것은 두 다리로 서서 다니기 때문이다. 그러다 보니 다른 동물보다 등뼈가 빠지는 디스크에 많이 걸린다. 그래서 원숭이에게는 디스크가 없다고 한다. 사람은 큰 머리를 지탱해야 하므로 목에도 힘을 주는 일이 많아서 목뼈에 탈이 나기도 한다. 사람을 포함한 포유류는 목뼈가 7개여서 집채만 한 고래도 목뼈가 7개뿐이고 하늘을 나는 박쥐도 그러하다.

내친 김에 등 위에 놓인 어깨의 행동학적 특성도 살펴보자.

남자는 죽으면 어깨가 제일 먼저 썩는다고 하던가. 자식새끼들을 먹여살리겠다고 지게질을 많이 했기 때문이리라. 알고 보면 불쌍한 게 남자련만 요즘 세상은 겨우 몇 살아남은 '간 큰 남자'를 끝까지 없애려고 달려든다. 사내들의 어깨가 축 처진 지 오래되었고, 거북이나 자라처럼 모가지를 어깻죽지에 집어넣고 산 지도 꽤 되었다. 물자라의 수컷처럼 새끼를 등짝에 붙이고 살아가는 꼴이 측은키도 하다만······.

어쨌거나 남자의 어깨는 여자보다 더 크고 두툼해서 듬직해 보이는데, 여자들은 어깨에 심을 넣은 옷을 입어 넓은 어깨를 뽐내면서 남성의 권위에 도전하고 있다. 넓고 든든한 어깨는 권위와 힘의 상징이어서 골목대장들은 싸움할 때 제일 먼저 양 허리춤에 두 손을 얹고 어깨를 추켜세워 위협적이고 도전적인 자세를 하는데, 가만히 보면 장닭이 싸울 때도 앞날개를 치켜 올려 힘을 자랑한다. 또한 미식축구 선수들의 경기복을 보면 어깨를 왜 저렇게 크게 만들었을까 하는 의문이 드는데, 어깨뼈를 보호하기 위해서겠지만 어깨를 그렇게 크게 해서 상대방

을 심리적으로 압박하겠다는 의도도 숨어있는 것 같다. 군인이
나 경찰관들이 어깨에 견장을 달고 있는 것도 다 권위를 나타
내기 위한 것이다.

어깨에 힘 주는 사람이 쌔고 쌨지만 그래도 '가다'가 으뜸이
다. 가다는 일본말로 어깨라는 뜻인데, 깡패는 어깨가 커야 한
다는 등식이 성립된다. 그렇게 어깨가 중요하기에 아부의 극치
를 어깨의 먼지 털기에서 발견하게 된다. 권력이 있는 사람이
나 힘센 이의 어깨에 있는 먼지를 살살 털어줘야 출세를 한다
는데, 배알이 꼴려도 어쩔 도리가 없다. 그런가 하면 어깨는 정
을 표시하는 중요한 몸의 일부분이기도 하다. 오랜만에 만난
친구의 어깨를 툭 치는 것도 정감의 표시고, 착한 학생의 어깨
를 만져주시던 선생님의 따뜻한 손길도 그렇다.

사람은 서서 걷게 되면서 앞다리가 팔로 바뀌었는데 팔을 흔
들고 비틀고 돌릴 수 있어 어깨의 움직임이 다른 동물과 판이
하게 다르다. 어깨를 다양하게 놀릴 수 있으므로 사람에게는
어깨를 통한 보디랭귀지도 여럿 있다. 유학하고 돌아온 사람들
이 미국 사람들의 어깻짓을 배워와서 잘 모르겠거나 나하고는
상관없는 일이라는 의미로 입을 씰룩거리며 두 어깨를 끄덕 올
리는 것을 종종 보는데, 참으로 못된 것을 배워왔다는 생각이
든다. 경우에 따라서는 체념의 의미로도 그 행동을 한다. 우리
나라 사람들은 신바람이 나면 어깨까지도 춤을 춘다. 덩실덩실
춤출 때 흔들리는 어깨를 보면 저 어깨로 어떻게 짐을 졌나 싶
을 정도로 어깨가 힘없이 흐느적거리면서 리듬을 만들어낸다.

이렇게 보면 서양 사람들의 어깻짓은 우리의 어깨춤과 차원이 다르다. 우리는 흥이 나야 어깨를 쓰는 민족인 것이다.

어깨는 건강의 상징이기도 해 병이 들면 어깨부터 처진다. 그래도 어깨는 목보다 끈기가 있어서 늙어 허리가 굽어 귀가 어깨 밑으로 내려가 "어깨가 귀를 넘어까지 산다."라는 말도 있지만, 쪽 곧았던 어깨가 늙어가면서 활등같이 휘어지는 것도 세월이라는 침식작용 때문이다.

옛날에는 돈이 없어 서당이나 학교를 못 가고 '어깨너머'로 글을 배워 출세한 사람들도 많았는데, 요새는 먹고살 만해서 그런지 하라는 공부는 안 하고 인생의 황금기를 허비하는 젊은 이가 많다. 내 어깨가 무겁게 느껴지는 것은 내가 선생이라서 만은 아니리라. 고진감래라고, 고생 끝에 즐거움이 온다.

몸의 구석까지 지배하는 힘살

　근육 자랑을 하는 보디빌더들의 근육 덩어리를 보면 마치 쥐가 스멀거리는 듯한 것이, 근육의 탄력성이 대단하구나 하는 생각이 든다. 사실 시합에 나오는 보디빌더들은 하루도 거르지 않고 운동을 하는데, 근육을 구성하는 근세포(筋細胞)는 용불용설의 법칙을 그대로 따르기 때문에 하루만 힘주기를 걸러도 그 부피가 줄어든다.

　많은 남성들이 경험했듯이, 아령 운동을 하면 팔의 이두박근과 삼두박근이 좀 부풀고 단단해졌다가도 조금만 게을리하면 줄어들고 만다. 그런데 여자들은 아무리 아령 운동을 해도 남자처럼 알통이 생기지는 않는데 이는 근육을 키우는 데 남성호르몬이 작용하기 때문이다. 근육이 굵어지는 것은 근섬유의 수가 늘어나서가 아니라 근섬유의 부피가 늘어나는 것이다. 지방세포도 물과 기름이 들락거릴 뿐 절대로 숫자가 변하거나 체중이 증감하지는 않는다.

　근육은 보통 체중의 35~45퍼센트를 차지하는데, 근육이 많은 '근육성 체격'을 가진 사람은 '지방성 체격'보다 근육이 훨씬 더 잘 발달되어있다.

근육은 몸 밖을 덮고 있는 골격근, 내장을 구성하는 내장근, 심장근 세 종류로 나뉘는데, 골격근은 대뇌의 명령에 따라 마음대로 오므렸다 폈다 할 수 있으나 내장근은 대뇌의 지배를 받지 않아 마음대로 위나 창자를 움직이지 못한다. 심장근도 의식적으로 쉬고 뛰기를 조절하지 못하는데, 이것들은 모두가 자율신경의 지배를 받는다.

골격근은 사람의 몸에 6백50여 개가 퍼져있는데, 건물로 치면 뼈는 철근이나 빔에 속하고 근육은 시멘트에 속하는 것으로, 둘은 골육(骨肉)관계라 어느 하나라도 건물을 지탱하는 데 중요치 않은 것이 없다. 사람도 바깥 근육이 탄탄하지 못하면 뼈에 무리가 생겨 허리가 아프고 디스크에도 걸리기 쉽다. 그래서 운동의 중요성이 강조되는 것인데, 꾸준한 운동은 곧바로 근육의 탄력성을 높여준다.

뼈와 뼈를 연결하는 데는 질긴 결합조직인 인대가 관여하지만 근육을 뼈에 달라붙게 하는 것은 힘줄이 하는 것으로, 근육이 수축·이완하면서 힘줄을 당기고 늦춰서 뼈를 움직이게 하여 운동이라는 물리적인 현상을 일어나게 한다. 그래서 장딴지 근육을 발뒤꿈치에 달라붙게 하는 아킬레스건을 다치면 꼼짝달싹 못하게 되는 것이다.

지금 필자는 만년필로 원고를 쓰고 있는데, 뇌의 명령을 받은 손가락 근육들이 나름대로 움직여서 손가락뼈로 글자를 쓴다. 이렇게 뇌의 명령을 받아 재빠르게 글을 써나가는 것은 사람만이 할 수 있다니 참으로 신기한 일이 아닌가.

'ㄱ' 자는 옆으로 그어 아래로 끌어내리고 'ㅇ' 자는 근육들이 동그랗게 뼈를 움직여 쓰여지는데, 여기에는 긴 세월 동안에 숱한 연습이 있었음을 간과할 수 없다. 즉 간단한 운동인 손가락 하나를 펴고 오므리는 데도 근육이 관여하는데, 한쪽의 것이 수축되면 다른 쪽 것이 이완되어 손가락 놀림을 만들게 된다. 이렇게 서로 반대로 작용하는 근육을 길항근(拮抗筋)이라고 한다. 팔꿈치를 움직이는 데도 오므리게 하는 굴근(屈筋)인 이두박근과 펴지게 하는 신근(伸筋)인 삼두박근이 길항으로(반대로) 수축과 이완을 반복하여 팔굽혀펴기를 하게 한다.

그런데 내장근은 구성이 좀 달라서, 예를 들어 창자의 안쪽에는 고리 모양의 근육인 환상근(環狀筋)이, 밖에는 길게 뻗어 있는 종주근(從走筋)이 있는데, 환상근이 수축되면 종주근이 이완되고 또 그 반대의 경우도 만들면서 두 근육은 음식과 소화효소를 섞기도 하고 아래로 이동시키기도 하니, 이를 꿈틀운동[連動運動]이라 한다. 그 운동은 지렁이의 움직임과 같은 것으로, 지렁이는 그렇게 하여 몸 전체를 이동하지만 내장은 음식물을 내려보낸다. 뱃속에서 꼬르륵 소리가 날 때는 내장의 연동운동이 매우 활발하다는 증거다.

근세포는 핵이 여러 개인 다핵세포며, 길이도 길다. 대퇴부에 뻗어있는 세포의 경우에는 세포 하나의 길이가 20센티미터나 되기도 한다. 그러나 내장근은 세포 하나에 핵이 하나만 있는 단핵세포다.

장소에 따라 근육의 성질이 다른 것도 우리의 흥미를 끄는 대목이다. 앞에서도 말했지만 우리가 움직이는 것은 모두 근육이 하는 일로 근육이 수축·이완을 하는 데는 많은 에너지가 소비된다. 이 때문에 오랫동안 걷거나 일하면 힘이 드는 것이다.

근육에 공급되는 에너지는 포도당으로, 이것이 분해되어 ATP(아데노신3인산)가 생산되고(38퍼센트 정도), 또 이것이 ADP(아데노신2인산)로 분해되는데 이때 나오는 에너지가 근육을 수축시킨다. 근육을 많이 움직이면 이산화탄소, 젖산, 열(62퍼센트)이 나오는데, 마라톤 선수들이 땀을 많이 흘리고 숨을 가쁘게 들이쉬며 힘들어하는 것도 바로 근육을 많이 움직였기 때문이다. 이런 때는 근육 속에 저장해두었던 글리코겐을 분해시켜 쓰는데, 그것이 고갈되면 더는 뛰지 못하게 된다. 심하게 부대끼면 근육이 수축만 되고 이완되지 못해 옴짝달싹 못하게 되는 상태, 즉 '쥐'가 나는데, 이는 근육이 극도로 피곤한 상태에 놓여있다는 신호다.

운동을 많이 하라고 하는 것은 한마디로 소차다보(小車多步)하라는 것이다. 근육도 나이를 타므로 늙으면 자연히 탄력성을 잃는다. 그래도 계속 움직여주면 어느 정도 탄탄함을 유지할 수 있다니, 힘에 맞는 운동은 늦추지 말고 꾸준히 하는 것이 좋겠다. 뒷방 늙은이가 되어 우두커니 앉아만 있지 말고 굼뜨게나마 움직이는 것이 조금이라도 늙음을 예방하고 건강하게 사는 방법이다.

사람은 누구나 다 이름을 남기지는 못해도 하얗게 바랜 2백6개의 뼈는 남긴다. 잘 썩지 않는 조개가 패총에서 튀어나와 옛사람들의 살림살이를 곁눈질하게 하듯이, 어느 이름 모를 이가 죽어서 남긴 뼈가 역사의 기록물이 된다면 그 얼마나 영광스러운 일일까. 그래도 명이 붙어있어 살아있는 동안에는 뼈의 신세를 지게 되는데, 이는 척추동물로 태어난 이상 도리가 없다.

사람의 몸과 건물은 여러 가지 면에서 비슷한 점이 많아 참 재미있다. 사람 몸이 건물과 같다고 표현하는 것보다는 건물이 사람 몸과 같다고 하는 것이 옳을 것이다.

어쨌든 크고 높은 건물을 짓는 과정을 보면 제일 먼저 땅을 파서 지반을 다지고 그 위에 넓적한 철근 빔을 서로 얽어 높다랗게 세우며(뼈), 콘크리트로 살을 붙이고(근육), 수도관(혈관)과 전깃줄(신경)을 건물의 구석구석까지 감는다. 건물의 외관은 타일이나 유리로 예쁘게 단장하는데, 그것은 사람의 피부에 해당한다. 만일 철근이 건물을 지탱하지 못하면 건물이 넘어지듯이, 인체의 뼈는 우리의 몸을 지탱해주는 중요한 일을 한다.

크게 보아 뼈는 몸의 형태를 만드는데 구체적으로 보면 갈비뼈나 등뼈는 내장을 보호하고, 큰 뼈의 안(골수)에서는 적혈구나 백혈구를 조혈(造血)하고 칼슘이나 인산 같은 무기이온을 저장하였다가 필요할 때 빼내어 쓰게 하는 등 뼈의 역할은 다양하다. 물론 운동이나 이동에도 뼈가 관여한다.

그런데 나이를 먹으면 다른 기관이 그렇듯이, 뼈도 대사기능이 떨어지고 무기이온이 빠져나가 버려 조직이 약해지고 속도 숭숭 비어 잘 바스러져버리니 이것이 바로 골다공증이다. 우리말에 칼 등의 연장이 무디어지는 것을 "뼈들어지다"라고 하는데, 누구나 늙으면 뼈마디도 줄어들어 키까지 작아지고 넘어졌다 하면 쉽게 뼈에 금이 가고 부러져 애석타 싶으나 그것이 노화라는 것이니 피할 도리가 없다.

하지만 뼈도 근육처럼 단련시키면 나름대로 튼튼함을 유지할 수 있다니, 여기에서도 운동이 제일이다. 우주선을 탄 우주인들이 끊임없이 자전거 타기 운동을 하는 것도 뼈의 단단함을 유지하기 위함이다.

앞에서 사람의 뼈는 모두 2백6 개라고 했는데, 뇌나 척추 같은 중축골(中軸骨)이 80개고, 팔과 다리 등에 붙어있는 뼈가 1백26 개다. 태아 때는 이보다 많다. 크게 보면 두개골은 8개, 얼굴은 12개, 갈비뼈는 24개, 손가락뼈는 28개, 손바닥뼈는 52개 등을 모으면 그렇게 된다.

대부분의 연골은 경골로 변하지만 일부는 몸의 구석에 변형되어 남아있는데 여기에는 척추 사이에 끼여있어 뼈의 놀림을 부드럽게 해주는 섬유성 연골인 디스크, 대부분 관절에 있어서 관절운동을 원활케 하는 연골의 원조인 투명한 연골 귓바퀴나 코에 있는 탄력성 연골이 있다. 상어의 턱뼈도 실은 뼈(경골)가 아니라 칼슘이 많은 칼슘성 연골이라는데, 만에 하나 귀나 코가 이런 딱딱한 경골이었다면 어떻게 될 뻔했는가.

 그런데 사람과 다르게 다른 동물의 음경이나 음핵 또는 심장에는 뼈가 박혀있는 수가 있으니 이를 이소골(異所骨)이라 하는데, 사람과 가까이 사는 개만 해도 수컷의 음경에 뼈가 들어있지 않은가. 물개나 쥐, 다람쥐, 영장류 무리들 중에도 음경골이 있는 것들이 있고, 포유류의 암놈 음핵에도 뼈가 있는 것이 더러 있으며, 사슴이나 소 무리는 심장판막에도 뼈가 끼여있다고 한다. "심장에 철판을 깐다." 하더니만 뼈가 다 들어있다니 놀랄 일이다.

 뼈는 의외로 강해서 강철보다도 더 단단하다. 그런데 뼈도 자리에 따라 조금씩 달라서 대퇴부, 두개골, 팔·다리뼈와 같이 가운데가 비어있는 관골이 있는가 하면, 어깨나 골반을 이루는 편편골도 있다. 뼈는 딱딱하면서도 가벼운 특징이 있으며, 두꺼운 골막으로 싸여있고, 뼈 안에는 뼈를 만드는 세포와 반대로 없애는 세포가 들어있다. 뼈를 적당히 잘라서 처음에는 사포로 나중에는 숫돌에 문질러 투명할 정도로 얇게 하여 현미경으로 보면, 뼈를 구성하는 여러 부위를 볼 수 있다.

 뼈는 뼈세포로 동그랗게 둘러싸여 있고 가운데에 하버스관 (Harversian canal)을 가지고 있다. 신경과 혈관이 이 관을 세로로 지나가는데, 이렇게 뼈에도 흥분 전달, 자극에 반응하는 신경이 있고 양분이나 가스를 운반하는 혈관도 분포돼있다. 이 외에도 역시 신경과 혈관이 분포돼있고 횡적으로 물질이동을 돕는 폴크만관(Volkmanns canal)이 있다.

사람들은 남보다 더 키가 크고 몸집도 크길 바라는 본능을 가지고 있는데, 이것도 유전인자라는 내림물질이 관여하는 것으로 결국은 뼈가 길고 굵어야(장골) 그렇게 된다는 것이다. 한마디로 생장호르몬의 조절을 받는 것으로, 다리뼈 길이가 길어지면 키가 크고 어깨뼈가 넓고 길면 우람한 체격이 된다. 그리고 얼굴뼈의 바탕 구조에 살(근육)이 곱게 배치되어 잘생긴 얼굴이 되는 것인데, 요새는 뼈를 잡아당겨 키를 늘리고 깎아내어 미인을 만든다고 하니, 섬뜩하기 짝이 없는 일이다. 제발 인조인간 로봇을 만드는 일은 그만뒀으면 싶다. "얽은 구멍에 슬기 든다."라고, 겉이 못나면 속마음이 곱다는 생물의 보상현상을 사람들은 왜 모르는 것일까.

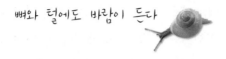

뼈와 털에도 바람이 든다

　"팔이 들이굽지 내굽나."란 말은 사람의 마음이란 아무래도 자기와 가까운 사람에게 더 정이 쏠린다는 뜻이다. 팔의 표정은 여러 가지다. 잠든 꼬마를 꼭 껴안아주는 어머니의 팔, 하늘을 향해 벌린 교황의 두 팔, 나라를 찾겠다고 바락바락 하늘을 가르는 고함치며 만세 삼창하는 두 팔, 항복을 알리는 힘없는 팔, 산을 뽑을 것같이 힘차게 흔들리는 팔, 충성을 맹세하는 군인의 믿음직스런 팔 등이 있다.

　아직도 우리가 네 다리로 걷고 있다면 팔은 몸무게의 받침대로만 제몫을 했으련만 그것에서 자유로워져 다른 동물이 못하는 별짓을 팔이 도맡아한다. 그런데 땅을 파고 있는 포크레인을 들여다보고 있노라면 참 잘 만들었다는 생각이 드는데, 그놈이 사람의 팔을 닮았기 때문이다. 분명한 것은 기계가 사람 본을 딴 것이지 사람이 그놈을 닮은 것이 아니니 모든 문명의 이기들은 자연을 모방해서 만든 것이다. 사람을 빼닮은 로봇도 그런 것이고.

　손이나 팔의 움직임을 잘 관찰해보면 뼈에 붙어있는 근육(힘

살)이 늘어나고 줄어들어서 뼈마디가 펴지고 오므려진다는 사
실을 알 수 있게 된다. 팔에도 튼튼한 근육 덩어리가 있으니 대
표적인 것이 이두박근과 삼두박근이다. 보통 알통이라는 것이
이두박근이고 그 반대 아래쪽에 붙어있는 것이 삼두박근인데
한쪽이 수축되면 다른 쪽이 이완돼서 뼈가 움직여 팔이 펴지고
오므려진다.

근육도 세포가 모여 이루어진 것으로 이 세포를 근세포라 하
는데, 이 세포들은 운동을 계속하면 길어지고 커지며 그대로
두면 다시 작아지는 특성이 있다. 육체미를 다듬는 남녀들이
울퉁불퉁한 근육 흐름을 펼치는 것을 볼 수 있다. 그런데 남녀
의 근육을 비교해보면 아무래도 여자의 것은 가녀려보이는데,
그것은 수렵시대의 원초적인 흔적이 남아있다는 것을 의미한
다. 그 가녀린 근육도 생리적으로는 남성호르몬인 테스토스테
론(testosterone)이 근육을 그렇게 만든다. 호르몬이라는 것이 남
자와 여자를 구분시키다니 그놈이 신비의 물질임에 틀림없다.

호르몬은 몸의 냄새를 결정하는데, 사람의 겨드랑이에서도
유별난 냄새가 난다. 보통 '암내'라고 하는데, 이상하게도 한국
사람과 일본 사람에게는 암내가 아주 적다고 한다. 암내는 땀
보다는 기름기가 조금 더 많은 화학물질로, 사춘기에 들어서야
분비되고 남자에게도 있으니 꼭 '암내'가 아니라 '숫내'라 해도
되겠다. 옷을 입지 않고 살 때는 그 냄새가 성적 신호로 작용되
었겠는데(일종의 페로몬이다) 옷을 입다 보니 세균이 들끓어 퀴
퀴한 냄새를 내었고 그래서 냄새를 죽이는 향수라는 것을 만들

어 뿌리게 된 것이다. 제 냄새가 저한테도 그렇게 역한데 다른 동물의 코에는 어떨까 짐작이 간다. 겨드랑이에 털이 나는 것도 땀을 빨리 마르게 함이요 또한 살과 살의 마찰을 줄이기 위함이라, 그것도 필요해서 그 자리에 있는 것이다.

걸을 때 아직도 팔을 같이 흔들어줘야 한다는 사실이 재미있다. 힘없는 노인의 팔을 잡아주는 것도 몸의 평형에 팔이 중하다는 뜻이리라.

농부는 죽으면 어깨부터 썩는다는데 뼈마디도 다를 것이 없다. 이 관절이 있었기에 펴고 오므리는 운동을 재빠르게 한다. 그런데 어찌하여 손·발가락을 비틀어 꺾으면 "딱!" 하는 소리가 나는 것일까. 그것도 어린아이들은 잘 안 되며 또 한 번 소리가 난 다음에는 곧바로 되지 않는다. 왜 그런 것일까.

두 뼈가 만나는 관절에는 항상 점액이 차있어 마찰을 줄여준다. 양쪽 뼈끝에는 연골이 붙어있고 연골은 관절피막(被膜)으로 싸여있으며, 그 막 안에는 관절낭액이 채워져있는데 이것은 연골에 양분을 공급하거나 윤활유 역할을 한다. 그런데 늙으면 이 물이 말라 뼈끼리 맞닥뜨리게 된다.

관절낭액에는 질소, 산소, 이산화탄소와 같은 공기가 녹아들어 있는데, 손가락뼈를 잡아 비틀면 액이 눌려 공기가 빠지며 '딱' 하고 소리가 나는데, 빠져나온 공기의 80퍼센트는 이산화탄소다. 관절낭액의 공기 빠지는 소리가 그렇게 클 수가 있느냐는 물음에는 "글쎄요."라는 답밖에 할 수 없다. 어쨌거나 연습을 하면 할수록 소리가 커지는데, 너무 자주 꺾으면 손마디가 굵어지고 심하면 부드러운 조직이 상한다고 한다.

배가 고프면 배에서 꼬르륵 소리가 나고 공기가 덜 빠진 방바닥의 보일러관에서도 꾸르륵 소리가 난다. 배의 소리는 대장에서 미생물이 분해한 공기가 대변 덩어리 틈새에 끼어 압축돼 있다가 밑으로 밀려 내려가면서 나는 것이고, 보일러관에서도 물에 밀려 압축된 공기가 틈새로 밀려나면서 그런 소리를 내는데, 손가락마디에서도 그렇게 공기 빠지는 소리가 난다. 다시 말하지만 뼈의 마찰이나 뼈가 부러지는 것이 아니고 압축된 공기가 자리를 옮기면서 내는 소리라는 것이다.

앉았다가 갑자기 일어설 때 무릎에서도 "뚝" 소리가 나는데, 이것은 힘줄이 비틀리면서 나는 것이다. 결국 공기와 힘줄이 뼈마디 소리의 주범(?)이라 하겠다.

공기는 뼈마디에만 드는 것이 아니라 털구멍에도 스며들어 털의 색을 바래게 한다. "머리에 털 난 짐승"이라거나 "머리 검은 짐승 남의 공 모른다."라는 말이 있다. 여기에서 검은 털 난 짐승이란 바로 사람을 일컫는다. 사실 털짐승들은 머리나 몸에 모두 털이 있는데, 유독 사람만이 두상에 털이 많다. 머리카락은 여름에는 그늘을 만들고 겨울에는 따뜻하게 보온해주며 돌멩이에 맞아도 상처가 덜 나게 해준다.

보통 사람이 가지고 있는 머리카락은 10만 개가 넘으며 하루에 80여 개가 빠지고 새로 난다는데, 늙어가면 그 수가 줄어드는 것은 물론이고 꼬불꼬불하던 털이 힘없이 펴지고 새까맣던 것이 흰털로 바뀐다. 빠진 자리에서 머리카락이 다시 자라서 빠지기까지 보통 5~6년이 걸리는데 털구멍 하나의 털이 12번 넘게 빠지면 몸도 낡아빠져 애잔하고 비통스런 황천행 열차를 타게 된다.

그러면 흰머리는 왜 생기는 것일까. 살 속에 박힌 털뿌리(모근)는 식물의 뿌리처럼 양분과 멜라닌 색소를 빨아들여 검은 털을 만들어 밀어올려 끊임없이 자라게 한다. 그러나 호르몬 대사가 부실하거나 심한 스트레스 등으로 검은색을 내게 하는 멜라닌이 만들어지지 않으면 흰머리가 된다. 한편 속이 꽉 차서 자라는 정상 털과는 달리 댓속처럼 속이 빈 것을 학모(鶴毛)라 한다. 다시 말하자면 털에 검은 색소가 배어들지 못하고, 털 속 빈 곳에 공기만 가득 차서 빛이 난반사를 일으키니 털이 허옇게 보이는 것이다. 한마디로 털이 바래고 털구멍에 바람 든 것이 파뿌리가 아닌가.

빛이 난반사를 하면 흰색을 낸다는 것은 겨울 눈을 보면 쉽게 알 수 있다. 사르락사르락 내리는 눈송이는 육각형인 눈 입자 여러 개가 모여있는 것인데 그 입자 사이를 공기가 채우고 있어 빛이 눈을 지날 때 종잡을 수 없이 사방팔방으로 튀며 반사되기 때문에 눈(雪)이 우리 눈(眼)에는 하얗게 보이는 것이다. 그런데 만일 대야에 받아둔 눈에 물을 부어버리면 공기가 빠져나가 흰빛이 나지 않는다. 투명한 얼음 덩어리를 톱질하였을 때 보송보송한 얼음 톱밥의 색은 어떠한가. 또 흰 꽃잎을 양손으로 꽉 눌러버리면 꽃 색은 어떻게 되는가. 꽃잎이 흰 것도 조직 사이에 공기가 들어있기 때문이므로 눌러버리면 공기가 빠져나가 제 색을 잃게 된다.

그렇다면 흰토끼, 흰말, 흰제비, 흰참새 등은 어떻게 된 것일까. 이들은 일종의 돌연변이 종으로 검은색이나 갈색을 만드는 유전인자가 없어 생긴 것으로, 생물 용어로는 알비노(albino)라고 한다. 사람에게서도 털은 물론이고 살갗에도 색소가 생기지 못하는 백화증(白化症)을 종종 볼 수 있다. 피부에 멜라닌 색소가 없으면 자외선(A는 노화나 태움에 관여하고, B는 화상을 입힌다)이 쉽고 깊게 뚫고 들어와 피부암에 걸릴 확률이 높아지는 것은 사실이지만 흑인도 피부암에 걸리는 것을 보면, 놀랍기는 하지만 사실은 사실이다. 특히 젊어서는 큰 탈이 없으나 늙으면 자외선이 축적된 영향으로 피부암이 유발되기도 한다. 태양은 많아도 탈 적어도 탈인 셈이다.

손, 다른 동물과 구별되는 가장 큰 특징

"손발톱이 젖혀지도록 벌어먹인다."라고 부모들의 고생은 언제나 말이 아니다. 손은 어머니요 발은 아버지라 했듯이, 들판의 농사일에서부터 자질구레한 집안일까지 어디 하나 어머니의 손 없이 되는 일이 없다. 아버지는 발바닥에 한치가 넘는 군살이 박히도록 밤낮없이 뛰어 자식들을 먹여살리고 공부도 시킨다. 빈손으로 왔다가 빈손으로 가는 인생인데 정녕 무소유로 살 수는 없는 것일까.

네 다리로 기어다니다가 두 다리로 걸어다니는 직립을 하면서부터 인체에는 많은 변화가 생겼다. 치질처럼 다른 동물에는 없는 병이 생겼는가 하면, 척추는 S 자로 굽어지고, 식성의 변화로 인해 송곳니가 작아졌으며, 이마가 튀어나와 뇌 용량이 커졌고, 눈두덩이는 낮아지고 코는 우뚝 솟아올랐고, 꼬리도 태아 때만 생겼다가 퇴화되는 등 사람은 여느 동물들과 많이 달라졌다. 무엇보다 비교해부학적으로 보았을 때 큰 변화는 팔이 짧아졌고, 엄지발가락과 다른 발가락이 맞닿지 않게 된 반면 엄지손가락과 다른 손가락들은 서로 아무렇게나 맞닿게 되었으며, 뇌의 발달로 정교한 언어를 구사하게 되었다는 것이다.

생각해보면 우리는 손을 빌리지 않고는 먹고살 수가 없고, 인류의 모든 문화는 이 손가락에서 시작되었다. 손가락 다섯 개가 모두 굳어서 엄지손가락과 다른 손가락들이 서로 닿지 못했다면 자동차와 같은 정밀기계를 어떻게 만들어낼 수 있었겠으며, 부호나 경험을 전수하는 문자 또한 써놓을 수 없었을 것이다. 몸에 박힌 가시 하나도 입으로 뽑아야 했다면 얼마나 불편했겠는가. 우리는 유달리 손재주가 좋은 민족이라고 알려져 있는데 어릴 때부터 젓가락질을 해왔기 때문인 듯하다. 손은 많이 놀릴수록 더 발달하는 모양이다.

사람의 손을 구성하는 뼈를 하나하나 뜯어보자. 손을 손가락 · 손바닥 · 손목 세 부분으로 나눠서 보면, 엄지손가락은 뼈가 2개고 나머지 집게손가락 · 장가락 · 무명지 · 새끼손가락은 모두 3개씩이며, 손바닥에는 각각의 손가락으로 연결된 5개의 긴 뼈가 있고, 손목에는 작은 뼈 8개가 모여있다. 즉 한쪽 손의 뼈만 합쳐도 27개나 된다.

그렇다면 어찌하여 손가락 · 발가락은 5개씩일까. 조금씩 다르지만 대부분의 네 다리 동물은 발가락이 5개씩이다. 7, 8개짜리도 있지만 모두 5개 쪽으로 진화했는데, 학자들은 이 '다섯'이라는 구조가 몸을 지탱하고 이동시키는 데 가장 안정적이고 균형을 이루기 때문이라고 보고 있다.

손가락 하나를 잃었을 때에야 우리는 손가락들의 조화로운 역할을 깨닫게 되는데, 특히 엄지손가락을 못 쓰게 되었을 때 그것이 얼마나 중요한지를 알게 된다. 필자의 경우는 글쓰기를 많이 하는 편인데, 엄지손가락이 없다면 얼마나 불편했을까 생각하니 엄지에 대해 새삼 무한한 감사를 느끼게 된다.

이 글 첫머리에서 "손발톱이 젖혀지도록"이란 말이 나왔는데, 이 손톱은 그저 길게 기르고 칠이나 하여 멋을 부리라고 있는 것이 아니라 나름의 중요한 구실을 한다.

역시 손톱이 빠져봐야 그것이 긴요한 것임을 알겠지만, 손톱은 손가락 끝을 단단하게 지지하여 살이 뒤로 젖혀지는 것을 막아준다. 게다가 손톱으로도 건강을 가늠할 수 있는데 건강할 때는 피가 잘 통하여 분홍색에 가까우나 병이 나면 그 증상에 따라 색깔이나 윤기가 달라지고 거칠어지기도 한다. 중국에 "머리가 길면 마음이 게으르고, 손톱이 길면 몸이 게으르다."라는 속담이 있는데, 필자는 그 예리한 관찰에 동의한다.

손톱이 자라는 속도는 발톱보다 더 빠른데, "손톱은 슬플 때마다 돋고, 발톱은 기쁠 때마다 돋는다."라는 우리 속담은 인생살이에서 기쁜 일보다는 슬픈 일이 훨씬 더 많다는 것을 은유적으로 표현한 게 아닌가 싶다.

사람의 손에 그 사람의 운명이 박혀있다니 참으로 고약한 일이 아닐 수 없다. 요새는 아기가 태어나면 제일 먼저 손바닥을 찍는데, 그래도 간혹 실수로 아이가 바뀌는 일이 생긴다. 일란성 쌍둥이를 제외하고는 세상 사람들 모두가 그 손금의 흐름이 다 다르니 유전인자라는 것이 참으로 묘한 것이다. 그래서 손금이나 눈동자를 감식하여 자물쇠의 여닫이 장치로 쓴다고 하지 않는가.

늘은이 손에는 그 사람의 삶의 역사가 씌어있어서, 시골 농사꾼 손은 두께가 한 뼘이나 되고 손등에는 굵은 떡심이 흐르며 손가락마디는 밤톨같이 굳어 우툴두툴하다. 그것이 정말로 산전수전 다 겪으시며 한평생 손발 놀려 사신 우리 아버지들 손의 모습이다.

그런데 "수족이 크면 도둑"이라거나 작은 손은 "선비손"이라는 것은 이제 케케묵은 말이 되었다. 손이 커야 손의 옷아귀가 찢어지도록 한껏 펴서 짚단 몇 개도 한번에 집어던지게 되고 나락 섬도 어깻바람에 옮길 수가 있는 것이다.

그리고 앞에서 사람은 상대적으로 팔의 길이가 짧아졌다고 했는데, 사람의 조상인 유인원은 나무 위에서 생활했으므로 긴 팔이 유리했겠지만 지금은 나무에 매달려 살지 않으므로 긴 팔이 필요 없게 된 것이다. 어찌되었든 손 하면 뭐니 뭐니 해도 새벽녘에 정화수를 장독대 위에 떠놓으시고 고운 흰옷 입고 두 손 싹싹 비비시며 자식들의 건강을 비시던 어머니의 손이 떠오른다. 사랑의 온기가 밴 어머니의 손, 새삼 그 손이 그립다.

단단한 두개골로 보호받는 인체의 지휘부

사람 몸의 구조를 하나하나 가만히 뜯어보면 조물주가 얼마나 재주가 좋은가를 느끼면서도 그분도 차별을 하고 있다는 것을 알게 된다. 곡진(曲盡)한 애정이라야 진정한 것일 터인데 사랑 중에서 가장 나쁜 것이 기울어진 사랑, 즉 편애라는 것이다. 편벽된 사랑에 그치지 않고 한쪽을 미워하기까지 하면 더 나쁜 편증(偏憎)이 된다. 그러나 창조주가 절대로 편증을 했다는 흔적은 찾기가 어렵다.

조물주께서는 몸을 조절하는 뇌와 척수는 딱딱한 뼛속에 집어넣어 뒀고, 심장·허파·간·콩팥과 같이 생명에 직결되는 것들은 갈비뼈로 감아 덮어 보호해놓았다. 군대의 지휘 본부는 지하 벙커에 두는 것과 마찬가지 이치로, 뇌를 야물디야문 두개골 안에 넣어둔 것이다.

사실 뇌를 보호하는 것은 두개골뿐만이 아니다. 10만 개가 넘는 머리카락이 두개골을 가득 덮어 겨울에는 담요처럼 보온해주고 여름에는 햇볕을 직접 받지 않도록 그늘을 만들어 뇌를 서늘하게 해주며, 돌멩이가 날아오면 충격을 흡수해주기도 한다. 털 아래에는 피부도 있고 피하조직도 있다. 특히 두개골 아래에는 경뇌막 · 거미막 · 연뇌막 3층으로 된 뇌척수막이 있는데, 이를 막 사이에 들어있는 뇌척수액이 뇌를 순환한다. 이렇게 털, 살갗, 뼈, 막의 액체까지 있어서 그 아래에 있는 뇌는 겹겹이 보호받고 있는 것이다.

뇌의 무게는 동물에 따라 많이 다르다. 덩치 큰 공룡은 뇌가 70그램밖에 되지 않아서 몸무게의 2만 분의 1, 고래나 코끼리는 2천 분의 1인 반면에 사람은 뇌의 무게가 보통 1천5백 그램으로 체중의 40분의 1이 넘는다. '새대가리'란 말은 뇌의 용량이 적다는 뜻인데, 사람의 경우에도 뇌가 크고 무거울수록 머리 (IQ)가 좋다고 하나 반드시 일치하는 것은 아니다.

사람 뇌는 무려 1천억 개가 넘는 신경세포(뉴런)로 되어있으며, 수만 개의 시냅스(신경세포 사이의 연결부)에서 동시에 정보를 받아들인다. 이를 흉내내어 컴퓨터에서 '신경망'을 연구 · 개발하고 있는 중이라는데, 아직은 뇌의 생리를 더 알아야 할 것이다. 실제로 사람이 자기 뇌 전체의 1퍼센트 기작도 모르고 있다니 하는 말이다.

아무튼 뇌는 우리의 모든 행동, 사고, 판단 등을 지배하는 중요한 중추부라 우리는 이것의 명령에 따라 살아가는데, 뇌는 다른 어떤 기관보다도 대사기능이 활발하여 체중의 2.5퍼센트밖에 안 되고 고작 신문지 한 장의 면적밖에 안 되는데도 몸 전체가 소비하는 산소의 20퍼센트를 쓰며, 다른 조직보다 10배나 더 높은 대사기능을 한다.

그리고 뇌에서 에너지를 내는 데 쓰는 양분의 70퍼센트 이상이 포도당이라니 맑은 공기로 심호흡을 자주 하고 밥보다 더 빨리 포도당으로 바뀌는 사탕을 먹는 것이 피로 회복에도 좋다. 그래서 크는 아이들에게 사탕을 많이 먹이는 것이 뇌의 발달에 좋은 것이다. 이가 썩을까 봐 사탕류를 먹이지 않는 부모들도 많은데, 사탕을 먹이면서 치아 관리를 제대로 해주는 것이 가장 좋은 두뇌 개발 방법이 아닐까 한다. 특히 2당류인 엿은 분해되어 포도당이 나오는데, 입학시험 전에 엿을 주는 것도 '착' 달라붙어 합격하라는 뜻보다 포도당 공급에 의미가 있는 것이니 이보다 더한 과학성이 어디 있겠는가.

뇌는 대뇌·소뇌·간뇌·중뇌·연수 다섯 부분으로 나뉘는데 이들은 각각 하는 일이 다르지만 서로 연계되어있다. 이중에서도 말 그대로 가장 큰 것이 대뇌다. 뇌의 대부분(8분의 7)을 차지하는 대뇌의 겉에는 주름이 많은데, 이는 생물체의 공통적인 특징으로 적은 부피로 표면적을 넓게 차지하려는 속셈이다. 위벽이 그렇고 작은창자도 그런데 작은창자의 주름에는 수많은 융털돌기가 붙어있어 흡수 표면적을 넓게 한다.

대뇌도 부위에 따라 하는 일이 다른데 '뇌지도'가 대략 만들어져 후두엽은 눈, 측두엽은 귀, 정두부는 팔다리 운동에 관여한다는 것을 알아냈다. 원숭이나 개의 두개골을 들어내고 대뇌의 여러 곳에 전기 자극을 주어 일어나는 반응을 보아 각각의 부위가 어느 기관에 관여하는가를 찾아낸 것인데, 안됐지만 이렇게 많은 동물들이 사람 때문에 혼쭐나고 있다.

대뇌를 다시 보면 바깥의 피질부(皮質部)와 안쪽의 변연계(邊緣系)로 나눌 수가 있는데, 피질부는 사고·판단·기억 등의 고등한 지적 행위를 담당하므로 낮에 주로 작용하지만, 변연계는 밤만 되면 특히 한잔 걸치고 나면 작동하여 본능적 행위인 수성(獸性)을 여지없이 발휘시킨다. 하등한 동물일수록 변연계가 발달해있다는 것을 알 수 있으며, 사람이 늙으면 피질세포가 다 죽어버리고 하부뇌만 남아서 치매증에도 걸리는 것이다.

대뇌 좌·우 반구 기능의 유사점과 차이점에 대해서는 아직도 많은 연구가 진행되고 있는데, 우반구는 우리 몸의 왼쪽을, 좌반구는 오른쪽을 지배하고 있어서 오른쪽 뇌를 다치면 왼쪽이 반신불수가 되는 것이다. 일반적으로 좌반구는 언어·수리·분석·논리적인 면이 강한 데 반해, 우반구는 직관적이고 감성적이며 예술적인 면이 강하다.

좌뇌가 우성인 사람에서 오른손잡이가 90퍼센트고 10퍼센트 정도가 왼손잡이가 되는데, 흥미로운 것은 오른손잡이는 90퍼센트를 좌뇌에 의존하지만 왼손잡이는 70퍼센트를 좌뇌가, 30퍼센트는 우뇌가 맡고 있어서 왼손잡이는 뇌 일부를 다쳐도 언어기능이 분산되어있어 그 기능을 모두 잃지 않는다고 한다. 그리고 좌뇌는 지능지수를 발달시키고 우뇌는 감성지수를 결정한다니, 크는 아이들에게는 양손을 골고루 쓰게 하는 것이 좋다. 어른들도 양손 쓰기를 하는 것이 두뇌를 모두 훈련시키는 것이니 칫솔질도 일부러 바꿔서 해보는 것도 좋겠다. 어느 쪽을 못 쓰는 때가 오지 않는다고 자신할 사람은 아무도 없으니 하는 말이다.

뇌는 쉽게 말해서 신경세포가 덩어리로 모여있는 것인데, 이 세포들은 다른 것에 비해서 지방성분을 많이 포함하고 있다. 그렇기 때문에 뇌 기능이 활성화하려면 적당한 콜레스테롤이 필요하다. 신경세포는 죽으면 새로 생기는 보통 조직의 세포와 달라서 한 번 태어난 것은 잘 죽지 않지만 일단 다치거나 죽으면 재생되지 않는다.

쉰 살 정도 되면 하루에 뇌세포가 30만 개나 죽어나간다는데, 늙을수록 점점 많은 수의 뇌세포가 죽어나가며, 뇌의 부피도 쪼그라든다. 기억을 담아뒀던 세포들이 죽게 되면 과거의 것을 잊는 것은 물론이고 건망증, 치매증에 걸리게 되는 것이다.

그런데 뇌도 기관이라 라마르크의 용불용설에 따라 뇌를 놀리지 말고 자꾸 써야 한다. 뇌를 젊게 하는 특별한 비법은 없지만 그래도 가장 중요한 것은 뇌가 젊게 생각하도록 하는 것이다. 아이들처럼 치기(稚氣) 넘치게 사는 법이 어떤 것인지 우리는 다 안다. 무엇보다 세상을 호기심 어린 눈으로 보고 모험심 강한 아이들의 모습을 거울삼아 이것저것 가리지 말고 적극적이고 활동적으로 하다 보면 그래도 덜 늙는다는 것이다. 양반인 척 권위 세우고 체면 차리면서 뒷짐 지고 팔자걸음이나 걸어서는 안 된다. 책 읽기가 정신적인 뇌 운동이라면 걷고 달리는 것은 육체적인 뇌 운동이다.

우리의 뇌를 1퍼센트도 모르고 있다는 말은 제 뇌를 1퍼센트도 활용하지 않고 있다는 뜻도 되니, 그 남은 99퍼센트의 1퍼센

트라도 더 끄집어내어 쓰는 사람이 앞서가는 사람이 아니겠는
가. 머리 굴리기를 한시도 쉬지 말아야 할 것이다. 그런데 왼쪽
뇌만 굴리면 사람 냄새가 나지 않으니 오른쪽도 굴려 풋풋한
사람 내음을 풍기도록 해야겠다.

몸을 타고 흐르는 붉은 강과 그 줄기

　"피는 물보다 진하다."라는 말이 있다. 피는 부피로 봤을 때 혈구(적혈구, 백혈구, 혈소판)가 45퍼센트고 나머지 55퍼센트가 혈장인데, 혈장의 90퍼센트는 물이고 7퍼센트가 단백질(알부민, 글로불린, 피브리노겐 등)이며 나머지는 염분·포도당·아미노산·비타민·항체·호르몬·요소 등이니, 어찌 피가 맹물보다 농도가 더 짙지 않겠는가. 물론 서양 격언이 말하는 피는 그런 물질적인 피가 아니라 유전자의 멀고 가까움을 말하는 것임은 다 알고 있다.

　피에 얽힌 격언은 참 많기도 하다. 부자간의 남다른 관계를 두고 "피가 켕긴다." 하며, 혈족끼리 다툴 때 "피를 피로 씻는다." 하고, 생혈을 마셔 굳은 맹세를 할 때는 "피를 마신다." 하며, 몹시 슬플 때는 "피에 운다." 하고, 사람을 몹시 괴롭히면 "피를 말린다." 한다. 피는 단순히 몸 안을 돌고 있는 혈액만을 의미하지 않는다는 것을 쉽게 짐작할 수 있다.

　그러나 여기에서는 체내에 있는 '피'를 살펴볼 것인데, 평균적으로 남자는 5리터, 여자는 4리터의 피를 갖고 있고, 일반적으로 덩치가 클수록 그 양이 많다. 피는 흘러서 몸의 구석구석까지 산소와 양분을 공급해주고, 이산화탄소나 요소 같은 노폐물을 허파나 콩팥으로 운반해 몸 밖으로 버리게 한다. 그러니 체중이 무거울수록 피의 양이 많고 그만큼 모세혈관 길이도 길다.

그러면 한 사람의 핏줄 길이는 얼마나 될까. 보통 한 사람 몸속에는 약 13만 킬로미터(주로 실핏줄이 다 차지한다)의 핏줄이 뻗어있는데 지구 둘레를 대략 4만 킬로미터로 잡으면 지구를 세 바퀴 돌리고도 남는 길이다. 지구 둘레는 그렇다 치고 자기 몸을 몇 번이나 감을 수 있을까를 생각해보면 새삼 우리 몸의 신비한 면을 보게 되어 재미있다.

피 하면 역시 현기증을 일으키는 선혈(鮮血)이 떠오르는데, 어째서 피는 그렇게 붉을까. 하등동물 중에는 피가 무색이거나 녹색인 것도 있으나 피조개나 지렁이 들은 피가 붉다. 피가 붉은 것은 적혈구에 들어있는 헤모글로빈 때문이고, 더 들어가 보면 헤모글로빈 속에 철 성분이 있는데 이 철이 산소와 결합해 산화철이 되었기 때문이다. 적혈구 생성에는 단백질말고도 철, 구리, 코발트, 비타민 C, 비타민 B_{12} 등 많은 물질이 관여한다니 우리가 먹는 음식은 여러 방면에서 이용되고 있음을 알 수 있다.

적혈구는 크기가 7.5마이크로미터(1마이크로미터는 1천 분의 1밀리미터) 정도로 매우 작기 때문에 1세제곱밀리미터의 피 속에 무려 5백~6백만 개나 들어있다. 적혈구는 큰 뼈(두개골, 턱, 쇄

골, 가슴뼈, 갈비뼈, 다리뼈 등)에서 생성되어 120일 동안 열심히 산소와 이산화탄소를 운반해주고 간이나 지라에서 파괴된다. 부산물인 빌리루빈(bilirubin)이 대변과 소변을 노랗게 물들이는 것이다.

그런데 다른 동물은 적혈구도 하나의 세포라 핵이 있으나 젖빨이 동물만은 골수에서 만들어질 때는 그것이 있으나 성숙한 세포가 되면 핵이 없어지고 그 자리에 헤모글로빈이 채워져서 산소 결합의 효율성을 높인다. 적혈구가 산소와 이산화탄소를 운반하는 일을 맡아하고 있는데, 우리 몸도 분업이 철저하여 백혈구는 병원균을 파괴하거나 잡아먹든가 하며 죽거나 다친 세포를 처치하는 일을 맡아한다.

백혈구는 적혈구보다 더 크나 수는 작아서 1세제곱밀리미터에 8천 개가 들어있으며, 처음에는 핵을 하나만 가지나 분화되면서 세 종류가 더 생겨 5개의 핵을 갖는 것도 있다. 림프구도 크게 보아 백혈구인데 이것들은 림프샘·지라·가슴샘에서 생긴다. 백혈구는 적혈구보다 더 단명하여 1주일도 채 살지 못하고 죽어버린다. 그래서 지금 이 순간에도 많은 혈구들이 죽고 새로 나기를 반복하고 있는 것이다.

혈구에는 혈소판이 있어서 혈액응고를 관장하는데, 그 이름처럼 아주 작아서 1세제곱밀리미터에 25만 개가 들어있으며, 백혈구처럼 1주일 정도 살면 그 기능을 다하고 만다.

피의 응고도 칼의 양날 같아서 상처가 나면 응고가 일어나야 하지만 반대로 몸(혈관이나 허파 등) 안에서는 굳으면 안 되는데 간에서 만들어진 헤파린(heparin)이란 물질이 이 일을 한다. 피는 공기를 만나면 굳어지는 성질이 있는데, 심호흡할 때 폐로들어가는 공기에 피가 응고되어버린다면 어쩔 뻔했는가를 생각하니 우리 몸의 기막힌 조절 능력에 감탄사가 절로 나온다.

혈구를 빼고 남은 것이 혈장인데, 앞에서 말했듯이 혈장은물이 90퍼센트고 그 외에 양분, 노폐물 등을 함유해 흐르는 피를 타고 몸 구석구석까지 영향을 미친다. 피가 모세혈관에 다다르면 피의 압력으로 적혈구, 단백질 같은 고분자물질을 제외한 모든 것이 조직 사이로 스며들어 가 각 세포에 산소와 양분을 공급하는데 이것을 조직액이라 하며, 이것이 모여(림프액이되어) 림프관을 타고 다시 심장으로 되돌아온다.

이 조직액이 밖으로 나오는 경우가 침샘에서는 침으로, 위에서는 위액으로 그리고 다른 기관에서는 각각 창자액·쓸개액·콧물·눈물이 된다. 말 그대로 눈물은 그냥 눈물이 아니라피에서 만들어진 '피눈물'인 것이고, 소변도 피가 콩팥에서 걸러져서 나온 피의 부산물인 것이다.

어쨌거나 모든 기관에 연결되어있는 핏줄과 그 줄기는 생명줄이요, 피는 생명의 샘물인 셈이다. 황송하게도 우리는 그 샘물을 먹고 사는 것이다.

생명이 스며있는 주먹만 한 근육 덩어리

작은 일이나 눈앞에 보이는 하찮은 일은 잘 알면서도 크고 중대한 일은 알지 못할 때를 "염통에 고름 든 줄은 몰라도 손톱 밑에 가시 든 줄은 안다."라고 한다. 여기에서 염통은 심장을 말하는 것으로, 중요하고 중심이 되는 부위를 의미한다.

심장은 와이셔츠를 입었을 때 일반적으로 위에서 세 번째 단추 자리에 있으며, 네 번째 단추 자리에는 급소인 명치가, 그 왼쪽에는 위, 오른쪽 갈비뼈 안에는 간이 자리잡고 있다.

사람의 몸속에는 그 외에도 여러 기관들이 있고 하나같이 중요하지 않은 기관이 없지만, 태아 때부터 시작하여 죽을 때까지 한시도 쉬지 않고 박동을 하는 주먹만 한 심장의 중요성은 아무리 강조해도 지나치지 않다.

무게로 따지면 3백 그램밖에 되지 않는 근육 덩어리인 심장은 1분에 70여 회를 뛰며, 하루에 무려 9천 톤의 피가 여기를 지나간다.

심장 위쪽에 있는 2개의 심방이 수축되면 아래의 큰 심실은 이완되면서 피가 심실로 흘러들어 가고, 다시 심방이 이완되고 심실이 수축되면 대정맥의 피는 심방으로 들어가고 심실의 것은 동맥으로 밀려나간다. 이렇게 수축·이완을 반복하는 것을 심장 박동이라 하는데, 이때 뿜어내는 힘은 권투 선수의 펀치력보다 더 세다.

심장에서 가해진 힘이 저 멀리 손발 끝에 있는 동맥에까지 미치니, 그 힘으로 맥박을 잴 수 있고 혈압을 측정할 수도 있는 것이다. 대정맥에는 혈압이 없으나 실핏줄에는 있어서 바늘이나 가시에 찔리면 저절로 피가 솟구친다. 그래서 모기가 피를 빠는 게 아니라 혈관에 구멍만 내놓으면 저절로 피가 모기의 위로 흘러드는 것이다.

제아무리 특수한 심장근이라 하지만 어떻게 하루 종일 그런 강력한 힘으로 운동을 할 수 있는 것일까. 놀라운 것은 심장은 수축하고 이완하는 그 사이에 잠깐 운동을 멈추고 쉰다는 것이다. 학교에서 50분 수업하고 10분 쉬어 뇌의 피로함을 풀어주는 것처럼 말이다.

우리 몸속에 들어있는 기관들의 위치를 들여다보면 흥미로운 것이 많다. 포유류에는 다른 생물에서 볼 수 없는 가슴과 배를 구분하는 횡격막이 있고, 그 위에 갈비뼈와 등뼈로 둘러싸인 허파와 심장이 들어있다. 이처럼 심장은 두개골로 보호받고 있는 뇌와 함께 가장 안전한 곳에 자리하고 있는 것이다. 간 역시 오른쪽 늑골 밑에 있어 안전한데, 소위 말하는 폐·심장·간·뇌와 같이 생명과 직결되는 기관인 '생명기관'은 철옹성같이 단단한 것들로 보호받고 있다.

사람보다 덩치가 훨씬 큰 황소를 어떻게 잡는지 생각해보자. 조막만 한 망치로 뿔 사이의 움푹 들어간 곳을 "탁" 때려눕힌다고 하는데, 거기가 바로 숨골(연수)이 있는 곳이다. 숨골은 폐와 심장을 조절하는 중추인데, 그곳이 일타를 당했으니 숨이 끊어지고 심장이 멈추게 되는 것이다.

사람도 머리 뒤꼭지 아래 움푹 팬 곳에 숨골이 있다. 그리고 모든 내장이 그렇듯이 심장에도 교감·부교감신경이 있어서 교감신경이 자극을 받으면 에피네프린(아드레날린)이 심장에 분비되어 심장 박동을 빠르게 한다. 한 예로 사람이 독사와 맞닥뜨리는 위험에 처하거나 강한 스트레스를 받을 때는 심장 박동이 빨라지는데, 이는 피의 흐름을 빠르게 하여 전신에 산소나 양분공급을 많이 해주기 위한 것, 즉 위기에 대처하는 에너지를 공급하기 위함이다.

흔히 뇌는 죽고 심장만 살아있는 뇌사상태에 빠진 '식물인간'의 경우에 심장을 기증하기도 한다. 그 심장은 오랜 시간 숨골과 분리되었으면서도 계속 뛰는데, 이것은 우심방에 있는 박동원(搏動原)이 자율적으로 히스속(Bundle of His)을 통해 심실에 전기 자극을 주기 때문이다. 전쟁 중에 대대장이 전사하면 중대장이 임무를 대신 수행하는 것과 같은 이치다. 때문에 심장 이식이 가능한 것이다.

큰 혈관 내에는 작은 혈관이 많이 들어가 있는데 심장에는 더 많은 핏줄이 그물처럼 얽혀서 퍼져있다. 특히 동맥과 정맥의 일부 줄기가 심장기관으로 흘러들어 가 커다란 관상동맥과

정맥을 이루는데 이곳이 자주 말썽을 부린다. 나이를 먹으면 다른 혈관들도 탄력을 잃고 안에 찌꺼기(콜레스테롤)가 쌓여 막히는데(동맥경화), 특히 심장의 관상동맥은 자주 막힌다. 그렇게 되면 당장 심장에 피가 들어가지 못해 심장이 피로해지고 약해져서 멈출 지경에 이르므로 수술을 해야만 한다.

사람들은 화가 나거나 흥분하면 흔히 "피가 거꾸로 돈다."라고 하는데 실제로 피가 역류하지는 않는다. 심장 안에도 우심방·우심실 사이에 삼첨판, 좌심방·좌심실 사이에 이첨판, 심실과 동맥 사이에 반달판이 있고, 정맥이나 림프관에도 곳곳에 판막(날름막)이 있어서 역류하는 것을 막고 있기 때문이다. 여러 판막에 구멍이 뚫려있거나 판막이 제 기능을 발휘하지 못하는 경우가 있는데, 이것이 바로 '심장판막증'이다.

모든 성인의 심장 안에는 동그란 흉터가 하나씩 있다. 태아일 때의 혈액순환은 특별나서 우심방에서 좌심방으로 피가 흘렀으나 고고지성(呱呱之聲)을 지르며 탄생하는 순간 그 사이의 판막이 밀려 달라붙어 그 자리에 자국이 남게 되었다.

나이를 먹어가니 죽음을 자주 생각하게 되고, 어머니가 염불처럼 말씀하신 "자는 잠에 죽어야 하는데"라는 말도 곱씹게 된다. "긴 병에 효자 없다."라고 괜스레 자식들에게 똥이나 받게 해야 하는 신세가 되면 효자도 불효자로 만들게 되는 것이니 말이다. "수면 중에 심장이 멈추는 일!", 아무리 생각해도 고종명(考終命)은 역시 오복 중 하나임이 분명하다. 저승을 가는 일이 그리 쉽지는 않다.

음식물을 씹고 썰고 부수는 이

"이가 없으면 잇몸으로 살지."라는 말은 이제 옛말이 되었다. 요새는 틀니는 물론이고 잇몸 아래턱 뼈에 쇠토막을 박는 인공 치 수술도 예사로 하고 있기 때문이다. 의치를 끼고 다니는 필자의 경우에도 그것 없이는 숫제 먹질 못하니 그 덕을 톡톡히 보고 있다.

이를 그저 붉은 입술에 흰 이가 어우러진 아름다움에 한몫하는 부위나 음식 씹는 일을 하는 부속물쯤으로 취급하기 쉬우나 이는 만물상점에 있는 여러 물건들의 일을 다한다. 삼을 삼을 때는 이로 삼껍질을 갈기갈기 찢었고, 바느질할 때는 질긴 실도 잘랐으며, 심지어는 병마개도 이로 따지 않는가. 그뿐인가. 이는 싸움이 붙으면 사정없이 물어뜯는 무기가 되기도 한다.

이는 우리 몸에서 제일 딱딱한 곳으로, 고도로 석회화된 에나멜이 겉을 싸고 있으며 이의 아래 뼈에는 시멘트질이 있어서 이를 잇몸에 접착시키고 있다. 이는 살아있는 것이라 그 속에는 혈관과 신경이 분포돼있어 끊임없이 물질대사가 일어난다.

아기가 세상에 태어나 6~7개월이 지나면 좁쌀같이 까끌까

끌한, 이름하여 '배냇니' 하나가 솟아나니 이것을 본 엄마는 까무러치게 놀란다. 너무나 대견스럽게 느낀 나머지 '내 자식만이 갖는 것'으로 착각할 정도다. 그런데 아랫니가 먼저 난다는 것은 나중에 늙으면 그쪽이 먼저 빠진다는 신호기도 하다.

이렇게 시작된 젖니 나기는 2~3세까지 계속되어 위아래에 각각 10개씩 모두 20개의 유치가 난다. 어금니는 나중에 영구치로 나므로 앞니, 송곳니, 앞어금니만 나는 것이다. 그러다 6~7세가 되면 젖니는 난 순서대로 빠지며, 성인이 되어서야 제일 뒤쪽 어금니인 사랑니가 나서 모두 32개의 영구치를 갖게 되고 이것을 죽을 때까지 사용한다.

우리는 성인이 되어서 나는 마지막 작은 치아를 사랑할 나이에 난다고 해서 '사랑니'라고 하는데, 서양 사람들은 슬기로운 나이에 난다고 하여 '지혜의 이'라 부른다. 사랑니는 사람에 따라 밑에 묻혀있는 수가 다르며, 듬성듬성 삐뚤게 나는 경우가 많고, 턱이 꽉 차서 날 공간이 좁으면 아예 나지 않기도 한다. 사랑니는 점점 퇴화단계에 있어 사랑니가 나지 않는 쪽이 더 진화했다는 설도 있다.

우리가 어렸을 때는 집에서 이를 뽑았다. 이가 빠지려고 하면 잇몸이 근질근질해오고 뿌리(치근)가 약간씩 흔들리기 시작한다. 그때부터는 신경이 온통 그곳으로 몰리는데 며칠을 두고 흔들어주면 어느 순간 "찍—" 하는 소리와 함께 뿌리 일부만 남고 넘어지고 만다.

요새야 치과에서 쉽게 뽑아버리지만 그때는 엄마가 이 아래

를 굵은 실로 여러 번 돌돌 묶고는 이마를 딱 치면서 뽑지 않았
던가. 물론 옆에는 간장 종지가 있었고 흐르는 피를 머금은 채
그것을 마셔 소독을 했다. 그러고는 마당에 나가 두 발을 가지
런히 맞붙이고 "까치야 까치야, 헌 이 줄게, 새 이 다오."라고 외
치며 빠진 이를 지붕 위로 던져 올렸다. 그렇게 이를 뽑고 나면
동네 친구들에게서 "앞니 빠진 개호지(범새끼) 새미질에 가지
마라. 빈대한테 뺨 맞는다."라고 놀림을 받기도 했다. 이를 어찌
우치(憂恥)의 삶이라고만 평할 수 있겠는가. 낭만적이고 여유
있는 삶이라고 하는 것이 옳을 것이다. 그러나 이젠 가슴 아린
추억이 된 이야기다.

젖니가 빠지고 영구치가 나는 것은 대부분의 포유류에서만
일어나는 현상으로, 사람의 이 가운데 앞니가 작두라면 송곳니
는 끌, 어금니는 맷돌 역할을 한다. 어금니 위아래는 요철 모양
이라 그 사이에 든 음식물을 납작하게 눌러 부순다. 쥐나 다람
쥐는 앞니만 있어서 갉아먹고, 어금니가 발달한 소는 위아래
어금니 바닥이 사람과 달리 매끈하여 풀을 돌려 갈아 먹으며,
개나 사자는 날카로운 송곳니를 이용해 고기를 찢어 먹는다.

이는 턱뼈와 관절을 이루고 있어서 센 힘이 가해지면 쑥 빠
져버리며, 이의 크기나 배열 등은 사람마다 지문 모양이 다르
듯이 모두 달라서 이의 구성을 보고 시신을 구별하여 찾아내기
도 한다. 아마도 이 하나까지도 유전자의 그늘에서 벗어나지
못한다는 뜻이리라.

지금 바로 턱을 놀려서 위아래 턱을 딱딱 부딪쳐보라. 우리

는 흔히 위턱과 아래턱이 같이 움직여서 음식이 씹히는 것으
로 생각하는데, 다시 움직이면서 생각해보면 위의 것은 두개골
일부라 가만히 고정되어있고 아래턱만 위아래로 열심히 움직
인다.

옛날에 우리는 질긴 시래기 등을 많이 씹어 이가 튼튼했는데
요즘 아이들은 이가 약해서 탈이 많이 난다고 한다. 연한 음식
을 주로 먹는 데 문제가 있다.

영구치는 한 번 빠지면 다시 나지 않으므로 잘 간수해야 하
고, 이가 많다 해도 하나하나 다 제 몫이 있으니 함부로 뺄 수
도 없는 것이다. 눈이 나쁘다고 눈알을 뺄 수 없듯이 말이다.

일소일소 일노일로

사람의 몸은 좌우대칭이라 눈, 콧구멍, 귀, 허파, 콩팥에 팔다리가 좌우에 각각 한 개씩 있다. 그런데 왜 얼굴에서 입은 하나고 곧추서지 않고 가로로 찢어져 있을까. 많이 보고 들으라고 눈과 귀는 두 개고 말을 적게 하라고 입은 하나라고 한다니 그 말이 맞는 것도 같다.

우리는 뻔한 거짓말을 하는 사람에게 "입술에 침이나 발라라." 라고 하고, 말을 고분고분 잘 들어 마음에 쏙 드는 사람 보고는 "입 안의 혀 같다." 한다. '입'이야말로 인간의 길흉화복을 불러들이는 중요한 관문이라는 점에는 이의가 없으리라. 그런데 그렇게 중요한 입이 어떤 일을 하는지에 대해서는 곰곰이 따져보는 사람을 본 적이 없다. 모두들 무관심하다. 마음의 여유가 없어서라기보다는 그런 일은 관심 밖으로 두는 게 버릇이 되어버린 것 같다.

다른 동물과 비교해보면 사람의 입술은 공통적으로 매우 두껍고 색깔이 짙고 크다. 입술은 끝부위가 약간 밖으로 뒤집어져 입 안 근육이 튀어나온 것인데, 사람이나 인종에 따라 감겨

나온 정도, 두께, 색깔이 다르다. 그래서 입술 하나도 사람마다 다 다르며, 관상을 볼 때 중요하게 여기기도 한다. 발생단계에서 포배기(胞胚期) 때 원구(原口)라는 부위가 입이 되는 선구동물(先口動物)은 하등하고, 그 반대쪽이 입으로 바뀌는 후구동물(後口動物)은 고등한데, 역시 사람은 원구 쪽이 항문이 되는 후구동물에 속한다. 입과 항문이 형성될 때 뭐가 조금이라도 잘못되면 입술이 짜개지기도 하고 항문이 막혀버리기도 하니, 언제나 말하지만 육신 하나 정상으로 태어난 것만도 고맙고 기적적인 일이다.

입은 감정이나 의사를 표시할 때도 쓰는데, 입이 광주리만 할 때는 기분이 좋을 때고, 입이 도끼날같이 독살스러우면 화가 잔뜩 난 것이며, 약간 토라져 비뚤어져 있으면 불쾌한 때다.

우리는 굳어진 입가의 근육 형태를 보고 그 사람의 마음가짐을 어느 정도 알게 된다. 탐욕스러운 입이 있는가 하면 자족하며 살아온 반웃음의 입도 있다. 입의 생김새는 인상에서 아주 중요한 요인인데, 울고 히죽거리고 기뻐하는 일이 입가에 나이테처럼 쌓여 나타난다니 어찌 두렵지 않겠는가.

그런데 여자들은 입술을 립스틱으로 치장한다. 어릴 때는 바르지 않던 것을 성년이 되면서 바르는데, 세월 따라 유행하는 색깔이 달라지는 점도 재미있다. 남녀가 맵시를 내고 멋을 부리는 것은 단순한 습관을 뛰어넘어, 이성의 관심을 끌고 싶다는 은밀한 잠재된 욕구라고 한다. 코가 남성의 상징이라면 입은 여성의 상징이다. 그러므로 입술을 시각적으로 예쁘고 돋보이게 하는 것은 하나의 성적 신호로 볼 수도 있다. 도톰하게 솟아오른 여성의 입술이 남성에게 매력적으로 보이는 것은 당연한 것이고, 검붉은 남성의 입술 또한 매력이다.

입술이 성욕의 창구가 된다는 것은 심리학자들 사이에서도 지적되는데 입은 세상을 향한 문이어서 어린 시절에는 그 입술로 어머니의 젖을 빨았고, 물건을 핥아 그것의 성질을 알고자 했다. 아이가 더 자라 다섯 살이 넘으면 어떤 사물을 손으로 만지거나 눈으로 보아 알 수 있게 되므로 입이 하는 일은 몇 가지 덜어진다.

어린 시절에 입을 통한 욕구가 충분히 채워지지 않은, 그러니까 어머니의 젖을 충분히 빨아보지 못하고 자란 아이들은 대리 충족 방법으로 손가락이나 연필을 빨거나 손톱을 물어뜯는 행동을 흔히 보인다. 어른이 되면 담배 개비를 입에 물고 꾹꾹 씹기도 하고 손가락 사이에 넣고 매만지기도 하는데, 젖빨기의 욕구가 얼마나 강렬하기에 그렇게 나이를 먹고도 그런 짓을 한단 말인가.

붉은 입술에 하얀 이빨을 단순호치(丹脣皓齒)라 하여 미인의 기준으로 삼았다는데, 요새는 붉은 입술인 주순(朱脣)뿐 아니라 흑순(黑脣)까지 등장하여 사람의 눈을 혼란스럽게 한다.

입술과 제일 친한 것이 치아라 순망한치(脣亡寒齒)라 하니, 입술이 없으면 이가 시리다는 뜻으로 밀접한 관계에 있던 하나가 죽거나 망하면 다른 하나에도 크게 영향을 미치게 된다는 뜻이다. 지금은 정형수술이 발달하여 감쪽같이 붙여버리지만 옛날에는 윗입술이 발생과정에서 서로 달라붙지 못하고(입술도 양쪽 밖에서 안으로 차례대로 잇달아 만들어져 들어와 중앙에서 달라붙는다) 틈이 나 있는 언청이가 참 흔했다. 그런 경우엔 틈새로 밥풀이 삐져나오는 것은 예사고, 말씨까지 어눌해진다.

입술은 담배를 문다거나 접문(옛말로 입맞춤이란 뜻)을 한다거나 휘파람을 불거나 감정 표시에만 쓰이는 게 아니고 먹고 발음하는 데도 중요하게 쓰인다. 특히 순음인 ㅁ, ㅂ, ㅍ 소리는 입술의 몫인데, 젖먹이의 첫 소리도 '엄마'가 아닌가. '엄마'라는 말은 어느 부모나 자식이 천재라고 한 번씩 놀라게 되는 자식이 맨 처음 뱉는 것으로 다른 나라 사람들이 쓰는 '마마'도 입술에서 태어난다.

이런 순음은 그래도 좀 나중에 생기는 것이고, 입술은 원초적으로 엄마의 젖을 빠는 일을 한다. 엄마는 아기가 울면 손가락 끝을 아기의 입술에 대어보아 아이가 배고파 우는지를 확인한다.

입술 색깔로 건강의 정도도 알 수 있는데, 당연히 밝고 붉은 빛이 돌아야 건강한 것이다. 그래서 여성들은 새빨갛게 연지를 발라 자신의 건강미를 과시하는지도 모른다. 이성의 관심을 끌려고 말이다. 독자들은 지금 바로 거울 앞으로 가서 아래위 입술을 까뒤집고 입 안을 들여다보라. 입술과 입 안의 색이 같음을 발견할 것이다.

배시시 웃음짓는 맑디맑은 외손자 녀석의 모습은 말 그대로 천사인데, 신께서 사람에게만 준 이 웃음은 남용할수록 좋은 것이다. 웃는 얼굴에는 침도 뱉을 수가 없다고 하니 거울 앞에 서도 일부러 입놀림하여 언제나 한껏 웃도록 하자. 일소일소(一笑一少)요 일노일로(一怒一老)며 일소천금(一笑千金)이라 했다. 입에 거미줄 안 치고 그저 풀칠만 해도 행복한 것이다. 입술 피리도 기분이 좋을 때 분다. 그러므로 억지로라도 '휘휘휘ㅡ!' 구적(휘파람)을 불면 건강해질 것이다. 누군가가 그리울 때도 휘파람을 부는 건 어떨까. 소문만복래(笑門萬福來)라는 말도 되새김질해볼 만하다.

음식물을 소화하는 작지만 중요한 기관

"더위는 병"이라거나 "여름 손님은 범보다 더 무섭다."라는 말을 들어본 적이 있을 것이다. 더운 날 전신이 피곤한데도(몸이 곤하면 위장도 지친다) 입 안 가득 음식물을 집어넣으면 배탈이 나기 쉽다는 말 같다. 게다가 교감신경도 팽팽해져 위(胃)의 운동은 물론이고 소화액의 분비도 여의치 않으니 여름날의 과식은 탈이 나게 마련이고, 이럴 때 비브리오[*Vibrio*]나 살모넬라[*Salmonella*] 균이 들어가면 살균력까지 떨어져 토사에 곽란까지 일으키게 되는 것이다.

새 무리는 먹이를 먹으면 모이주머니라고 하는 식도의 일부가 부풀어 난 곳에 일단 저장하고 물을 먹어 한껏 부풀린 다음 아래의 모래주머니로 보내어 모래나 사금파리 조각으로 모이를 잘게 썰어 소화가 잘 되게 한다. 소나 낙타 같은 반추동물은 위가 네 개의 방으로 나뉘어 있어 모이를 저장하고 발효 · 소화도 시킨다.

사람은 잡식성 동물이기 때문에 못 먹는 것이 거의 없다. 어느 중국 친구 말처럼 책걸상 빼놓고는 다 먹는다. 그러므로 미생물에 의존해 소화하는 일은 거의 없고, 전적으로 여러 종류의 소화효소로 음식물을 분해한다.

위를 '밥통'이라고도 하는데, 밥통은 음식만 들어오면 바빠진다. 위는 하루에 2~3리터의 위액을 분비하는데, 위가 건강하면 음식이 있을 때만 위액을 분비한다. 그 액에는 단백질 분해효소인 펩신(pepsin)말고도 강한 염산과 뮤신이라는 것도 들어있다. 펩신과 지방효소는 단백질과 일부 지방을 분해시키고, 염산은 묻어 들어온 세균이나 곰팡이를 죽이며, 뮤신은 항펩신으로 펩신이 단백질인 위벽을 소화시키지 못하도록 위벽을 보호하는 일을 한다. 이런 철통 같은 위 안에서도 끄떡 않고 사는 지독한 세균이 있으니, 바로 헬리코박터 파이로리(*Helicobacter pylori*)라는 것이다. 이 세균은 위궤양을 일으키고, 종국에는 위암의 원인균이 되기도 하는 못된 세균이다.

위는 최소한 2~3시간 동안 연동운동을 해 음식물을 죽같이 만들어낸다. 15~20초 간격으로 위쪽에서 아래로 훑어 내려가기를 계속 반복하여, 밥알 하나만 해도 직경 1밀리미터가 될 정도로 썰고 다진다. 소장이나 대장에서는 위에서 내려온 음식물에서 양분만 흡수하고 나머지는 그대로 내려보내니, 소화되기 쉽도록 갈아내는 것은 전적으로 위가 맡고 있는 것이다. 위가 약한 사람들이 단단한 음식을 먹지 못하고 묽은 죽 같은 것만 먹는 이유가 바로 여기에 있다.

위의 연동운동은 음식과 소화액을 섞어주고 먹이를 부수어 아래로 이동시키는 것으로, 위는 음식물이 충분히 잘게 부숴졌

다 싶으면 말단부 십이지장과 연결된 유문(幽門)의 괄약근을
여닫으면서 조금씩 내용물을 내려보낸다. 또한 위에서는 물은
물론이고 약이나 알코올, 비타민 같은 수용성물질을 흡수하기
도 한다.

한편 음식이 위에 들어오면 아래의 소 · 대장으로도 신호가
내려가 다같이 연동운동을 하기 때문에 식후 5~8분경에 변이
마렵게 된다. 사실 먹는 것도 중요하지만 술술 잘 내보내는 것
도 이에 못지않게 중요한 일이다.

그런데 우리 몸에는 크게 보아 다섯 곳에 괄약근이 있어서
관을 조였다 폈다 한다. 식도와 위 사이의 분문괄약근, 위와 십
이지장 사이의 유문괄약근, 항문, 방광, 십이지장의 쓸개와 이
자관이 합쳐진 곳에 있는 힘센 근육이 그것이다.

위는 주름이 많은 신축성이 강한 근육이라 공복에는 쪼그라
져 주먹만 하지만 음식이 들어가면 점점 늘어나는데, 사람에
따라 크기가 다 다르다. 특히 힘을 많이 쓰는 운동선수들은 위
의 신축성이 대단히 높아 큰 대야만 한(?) 밥그릇에 가득 찬 음
식도 마파람에 게눈 감추듯 먹어치운다.

초식동물들은 질긴 풀을 어금니로 잘게 갈아서 넘기고, 육식
동물은 송곳니로 고기를 찢어 먹는데, 식성에 따라 동물의 성
질도 다르다. 육식을 주로 하는 사람은 공격적이고 파괴적인
면이 많으나 초식을 하는 사람은 비교적 양순하고 방어적이다.
육식 덕분에 창자의 길이가 한결 짧아진 요새 젊은이들이 방문
을 쾅쾅 여닫는 것을 보면 식성이란 무섭다는 생각이 든다.

위는 어느 기관 못지않게 예민하여 스트레스를 받으면 교감 신경의 기능이 항진(亢進)되어 운동이 느려지고 위액 분비도 억제되어 위궤양이나 위염과 같은 병에 걸린다. 대체로 우리나라 사람들은 위나 간이 약한 반면에 서양인들은 심장과 폐가 약한 편인데, 이렇게 인종에 따라 약하고 강한 기관이 따로 있다. 물론 가계(家系)에 따라서도 강하고 약한 기관이 있으니, 그것을 알아내어 그 부위를 조심하는 것도 건강하게 사는 하나의 비결이다.

바다의 불가사리들은 위를 뒤집어 끄집어내서 조개를 잡아 먹는다고 하고, 낙타는 적이 공격해오면 쓰디쓴 위액을 토해서 쫓아버린다고 한다. 사람의 위액도 쓰기로는 낙타의 위액에 지지 않는다.

그래서 'stomach'의 다른 뜻이 '참는 것'이라고 하니, 오욕(五慾)이든 오욕(汚辱)이든 모두 다 참고 살아가는 것이다. 게걸스럽게 온갖 잡동사니 음식을 가리지 않고 반죽하는 위를 닮아보는 것이다. 삶이란 곧 참고 견디는 것이니, 집착하지 말고 평상심으로 느긋하게 사는 것이 위의 건강에도 좋다. 누더기 장삼 한 벌로 청아하게 살아가는 노승을 닮아보리라.

호흡과 함께하는 영원한 동반자

사람은 하루에도 2만여 차례 숨을 쉬어야 하니 오래 사는 사람은 한평생에 실로 천문학적인 호흡을 한다. 그런데 한시도 쉬지 못하는 기관이 허파와 심장인데, 둘 중 하나만 멈춰도 생명을 잃으니 이 두 기관은 어느 기관 못지않게 중요하다.

생각 없고 주견 없는 사람을 "허파에 쉬(파리의 알) 슬 놈"이라 하고, 시시덕거리며 실없이 이죽이죽 웃기만 하는 사람에게는 "허파에 바람 들었냐.", "허파 줄이 끊어졌냐." 하는데, 이런 말들은 어느것이나 숨통의 특성에 빗댄 것이다.

어쨌든 사람이 살다 보면 숨통이 막히는 일이 많이 생기게 되는데, 크게 심호흡하며 참고 살아가는 것이 허파에도 좋고 몸의 건강도 유지하는 길이 아닌가 생각한다.

태아 때는 숨관과 허파가 목구멍 입구인 인두(咽頭) 자리에서 싹이 터서 점점 아래로 긴 가지(기관, 기관지)를 치고 그 끝 양쪽으로 커다랗게 부풀어오른 두 개의 해면성(海綿性) 기관을 만들어내니 이것이 허파다.

모체 안에 있을 때는 탯줄을 통하여 양분뿐만 아니라 산소도 공급되기 때문에 허파를 쓰지 않으나, 모태를 벗어나 탯줄이 가위로 잘려지는 순간부터 태아는 폐를 움직이기 시작한다. 다시 말하면 자궁 속에서는 양수가 허파를 가득 채우고 있어 허파가 운동하지 않으나, 고고지성을 질러대면 태어나는 순간 공기 빠진 풍선처럼 쪼그라져있던 해면조직이 공기를 머금으면서 허파가 활짝 펴지는 것이다.

처음 울어젖히는 아기의 울음은 '세상이 괴롭겠다'는 뜻이 아니라 허파가 쫙 부풀어올라 풍선같이 펴지도록 하는 것이니 아기가 울지 않으면 큰 탈이 나는 것이다.

어느 생물이나 산소가 없으면 살지 못한다. 일부 혐기성 세균은 산소를 만나면 되레 죽어버리지만, 거의 모든 생물이 산소를 써서 유기호흡을 한다. 대부분의 식물은 잎의 기공으로 호흡하지만 동물들은 체표면(지렁이), 기관계(곤충 무리), 아가미(수서동물), 허파(척추동물) 등 다양한 호흡기관이 있다.

그런데 이렇게 유기호흡을 하는 것은 무기호흡보다 에너지 효율이 무려 18배나 높은데, 사람의 근육도 산소가 부족하면 해당작용(解糖作用)이라는 무기호흡을 하여 부족한 에너지를 보충하기도 한다.

사람의 허파는 오른쪽은 삼엽, 왼쪽은 이엽으로 나뉘어있으며, 허파 속에는 기관지와 수천 개의 세기관지(細氣管枝)가 퍼져있고 세기관지 끝에는 폐포(허파꽈리) 3억 개가 포도송이처럼 주저리주저리 열려있다.

허파에는 꽈리 모양의 속이 빈 폐포가 많은데 폐포 둘레에는

실핏줄이 퍼져있어서, 여기에서 산소와 이산화탄소의 맞교환
이 일어난다. 3억 개의 꽈리를 하나하나 펴서 그 면적을 재면
한 사람의 체표면적의 50배나 넘는데, 한마디로 큰 정구장만
하다고 한다.

가슴 속에 들어있는 그 작은 꽈리 표면적이 그렇게 넓다는
것에 놀랐겠지만 우리 몸의 다른 조직이나 기관들도 다 작은
부피에 넓은 표면적을 갖고 있다. 허파가 그 대표적인 예인 것
이다.

그런데 이 허파꽈리는 막이 아주 얇아 가스교환이 잘 이루어
진다. 여기에서 산소는 실핏줄로 들어가고 실핏줄에 든(조직에
서 운반해온) 이산화탄소는 꽈리로 나오는데, 이것은 모두가 농
도 차이에 따라 일어나는 물리적인 확산현상이다.

농도가 짙은 쪽에서 옅은 쪽으로 이동하는 것을 확산이라 하
는데, 결국 꽈리 속에는 산소가 많고 실핏줄에는 적어서 그쪽
으로 산소가 이동한다. 이렇게 생물의 삶에는 수많은 화학, 물
리 현상이 관여하고 있다.

보통 우리가 한 번 숨을 쉬면 5백 밀리리터 정도의 공기가
드나드는데, 코와 숨관을 통해 들어온 공기는 79퍼센트가 질소
고, 20.9퍼센트가 산소, 0.03퍼센트가 이산화탄소로, 질소와 산
소가 거의 전부를 차지한다. 그런데 허파에서 세포로 들어간
산소는 3분의 1만 쓰이고 3분의 2는 되나오나, 이산화탄소는 1
백 배나 증가되어 나온다.

쉬고 있을 때도 1분에 2백50 밀리리터나 산소를 소비하니 우

리에게 산소와 물은 가장 귀하다. 맑은 물과 깨끗한 공기가 얼마나 중요한지 알아야겠고, 하나 더해서 그 산소는 모두 녹색 식물이 광합성을 해서 토해낸 것이니 식물 또한 얼마나 귀한 존재인가를 알아야 한다.

허파의 세기관지 벽에 가득 나있는 섬모는 허파에 들어온 먼지나 병원균을 쓸어내는데, 세기관지 벽에서 분비된 점액이 먼지나 병원균을 잡아주면 섬모는 이것들을 계속 모아 목을 향해 내보내니 이것이 가래다. 담배를 많이 피운다거나 나쁜 공기 중에 오래 살면 이 섬모들이 죽어버려 가래조차도 제대로 뽑아내지 못하게 되어 폐가 점점 약해진다.

폐는 어떤 기관보다도 습도와 온도가 일정해야 하는데, 그것은 바로 기관과 코를 통해서 바깥 세계에 노출되어있기 때문이다. 건조하거나 추울 때 숨 쉬기가 힘든 것도 바로 이런 이유 때문인데, 다행히 코가 습도를 높여주고 기온을 조절해주기 때문에 허파는 한결 쉽게 역할을 수행할 수 있다. 그래서 젖먹이나 노약자가 있는 방은 온도와 습도 조절이 중요한 것이다.

사람들은 건강에는 무척 신경을 쓰나 정작 내 몸의 어디에 어느 기관이 있고 또 그것들이 어떤 일을 하는지에 대해서는 잘 알려고 하지 않는다. 강의 시간에 학생들에게 간이 어디에 있는지 물으면 대부분 당황해한다. 만약 엉뚱한 곳을 가리켜 왼쪽 갈비뼈 쪽에 있다는 학생에게는 "그럴 수도 있다. 내장이 거꾸로 박혀있는 내장역위(內臟逆位)인 경우에는 간이 좌측에 있다."라고 하여 기를 죽이지 않는 한도에서 면박을 주기도 한다. 실제로 가끔 내장역위인 사람이 있으니 그 사람은 충수도 왼쪽 배 아래에 있어서 수술을 하게 되면 그쪽을 해야 한다.

간 하면 곧바로 간염, 간경화, 간암을 연상할 정도로 한국인에게는 유달리 간과 관련된 질병이 많고 이로 인한 사망률도 꽤 높은 편이다. 간은 영어로 'liver'라고 하는데 이것은 생기가 넘치는 부위라는 뜻이다. 간은 오른쪽 옆구리 갈비뼈 밑에 숨어있다. 어느 기관 하나 중요치 않은 것이 있을까마는 심장, 허파, 콩팥, 간과 같은 생명에 직결되는 중요한 생명기관들은 유독 갈비뼈로 둘러싸여 있으니 갈비의 의미를 여기에서 찾아도 된다. 물론 여기서 심장은 횡격막 위에 허파는 가슴에 들어있고, 신장과 간은 갈비뼈 밑 복강(腹腔)에 있다.

간은 무게가 약 1.5킬로그램으로 체중의 약 50분의 1에 지나지 않으나 오장육부 중에선 가장 크고 하는 일도 무척이나 많아서 이것이 망가지는 날에는 살아남기 어렵다.

간은 크게 보면 하나이나 자세히 보면 좌우 두 잎으로 나뉘어 있고 그 사이에 쓸개주머니가 달려있다. 평소에는 손으로 만져지지 않으나 간이 부으면 갈비뼈 밑으로 만져지고, 또한 심호흡을 하여 가로막이 간을 밀어내리면 약간 만져지기도 한다.

간이 하는 일은 밝혀진 것만 해도 수십 가지나 될 정도로 많다. 그중에서도 큰 것만 몇 가지 골라 써보면 다음과 같다.

첫째, 탄수화물 대사로 녹말이 분해되어 흡수된 포도당, 과당, 갈락토오스(glactose)를 60퍼센트 정도 글리코겐으로 합성하고, 나머지는 피를 타고 모든 세포로 가게 하며, 언제나 0.1퍼센트의 혈당이 유지되도록 한다. 즉 혈당이 증가하면 포도당을 글리코겐으로, 또 혈당이 떨어지면 저장된 글리코겐을 포도당으로 분해하는데, 여기에 인슐린, 글루카곤(glucagon) 같은 호르몬이 각각 작용한다.

둘째, 지방대사를 조절하는데 지방산이 부족하면 포도당을 재료로 지방산을 합성하고 또 포도당이 부족하면 글리세롤로 포도당을 합성하고, 남는 지방산은 지방조직에 보내어 저장하도록 한다. 한마디로 포도당과 지방(지방산, 글리세린)끼리는 부족하면 서로의 부족함을 메워준다. 몸에 적당한 지방덩이가 있

는 것은 병이 나거나 음식을 먹지 못할 때 지방은 물론이고 탄
수화물을 공급하기 위한 것이다.

셋째, 단백질 대사에도 관여하고, 아미노산을 포도당으로 바
꾸기도 하며, 혈장 알부민(albumin)을 합성하여 각 세포에 전달
하기도 한다. 여기까지를 잘 보면 우리 체내에서 포도당 합성
에 지방, 단백질이 관여하고 또 포도당이 지방 합성도 하지만
단백질은 어느 물질에서도 합성이 되지 않는다는 것을 알 수
있다. 그렇기 때문에 적당량의 단백질을 계속 섭취해줘야 한다.

넷째, 간에서는 적혈구를 파괴한다. 누차 말하지만 1백20 일
동안의 명을 다한 적혈구를 혈관에서 간세포들이 잡아내어 파
괴하는데, 특히 적혈구를 구성하는 철을 함유한 헴(heme)의 분
해 과정이 흥미를 끈다. 이 헴은 복잡한 과정을 밟아 빌리루빈
이 되어 쓸개주머니에 쓸개즙으로 저장된다.

음식이 십이지장으로 내려가면 쓸개즙은 쓸개관을 타고 소
장으로 나와 음식과 섞여 지방의 소화를 촉진시키고 같이 대장
으로 내려가는데, 거기서 빌리루빈은 대장에 살고 있는 세균의
효소와 반응하여 우로빌리노겐(urobilinogen)이 된다. 그 다음 우
로빌리로겐은 대장균과 반응하여 스테코르빌린(stercobilin)으로
바뀌어 대변 색을 만들며, 일부는 장벽에서 흡수되어 피를 타
고 신장으로 가서 우로빌린(urobilin)이 되니 그것이 소변 색을
낸다. 대소변이 누르스름하게 되는 것 하나도 그렇게 복잡한
과정을 밟아 일어나는 것이다.

다섯째, 소장에서 흡수된 지방을 제외한 모든 영양소는 일단

몸의 검문소인 간을 지나가야 하는데, 여기에서 몸에 해가 되는 물질은 제거된다. 구체적으로 보면 알코올, 니코틴, 농약 같은 물질은 물론이고 항생제, 수면제 등의 약물도 간이 분해한다. 항생제를 일정한 시간마다 먹어야 하는 것도 그것이 간에서 계속 분해되기 때문이며, 만일에 수면제가 분해되지 않는다면 한번 먹은 수면제에 취해서 영원히 잠이 들 수도 있다. 그리고 간이 나쁜 남자는 계속 생겨나는 여성호르몬(여자에게는 남성호르몬)을 파괴하지 못하여 유방이 커지는 경우도 있다. 문제는 이렇게 분해해야 하는 독소의 양이 과하다거나 지속적인 경우에는 간세포 자체가 해를 입게 된다. 술과 담배가 간에 해롭다는 이유가 바로 여기에 있다.

여섯째, 간에서는 요소를 만든다. 요소에는 질소가 들어있어 우리가 먹은 단백질의 분해 산물을 덜 해로운 요소로 전환시켜준다. 요소는 신장에서 소변으로 배설된다.

그외에도 간은 체외 혈액응고를 촉진시키는 트롬보플라스틴(thromboplastin)과 체내 혈액응고를 억제하는 헤파린을 동시에 만든다거나 추운 겨울에는 열을 내 내장의 체온을 높여주기도 하는 등 중요한 일을 많이 한다.

행운을 만났을 때는 신중해야 하고, 성공한 자는 겸허해야 한다. 돈도 있을 때 아끼고 건강도 건강할 때 지켜야 하는 것인데, 어디 우리 같은 속인들의 귀에 그 말이 들어오겠는가. 그저 쇠귀에 경 읽기다.

몸속의 최첨단 정수기

 사람 몸 안의 기관을 들여다보면 심장이나 간, 위 등은 하나씩 있는데 허파와 콩팥은 두 개씩 있다(고환과 난소도 쌍이다). 그것은 공기를 받아들이고 소변을 걸러내는 일이 그리 쉽지 않아서 그럴 것이라는 추론을 하게 된다. 아니면 그만큼 빨리 망가져서 제 기능을 발휘하기가 어렵게 되기 쉬운 기관이란 뜻도 되겠다.

 신장은 생긴 모양이 콩과 팥을 닮았다고 해서 콩팥이라고 불리기도 한다. 허리 뒤 등 쪽에 붙어있으며, 사람에 따라 그 크기가 조금씩 다르긴 하지만 일반적으로 길이 11센티미터, 폭 5~7센티미터, 두께 2.5센티미터 정도다. 체중의 1퍼센트도 안 되는, 말 그대로 조막만 한 이것 하나만 고장이 나도 명이 끝날 수 있으니 우리 몸의 어느것이 더 귀하고 중하다고 말할 수가 없다.

 신장은 우리 몸의 항상성을 유지하는 기관으로, 항상성이란 체온이나 삼투압 등을 일정하게 유지하는 것을 말한다. 즉 신장은 노폐물, 물, 무기염류, 염분 등을 적당히 배설하여 몸의 항상성을 유지해준다. 추운 날 소변을 보고 나면 갑자기 추워지는 것은 소변을 통해 열이 밖으로 빠져나가기 때문인데, 대소변은 열의 발산에도 일익을 담당한다.

두 개의 신장을 지나가는 피는 다른 조직이나 기관을 지나가는 피보다 40배 정도는 많아 전체 혈액이 하루에 최소한 4~5번은 신장을 거치며, 운동을 하거나 목욕을 하면 피가 빨리 흘러 그 양이 한결 더 증가한다.

신장에 피가 지나간다는 말은 결국 신장을 구성하고 있는 2백만 개나 되는 네프론(nephron)을 통해 피가 걸러진다는 의미다. 네프론은 실핏줄 뭉치인 사구체(絲球體)와 보먼주머니(Bowman's capsule)로 구성되어있는데 이곳은 세상에서 가장 잘 만들어진 여과장치로, 피 중에서 고분자 물질인 단백질을 제외한 포도당, 아미노산, 비타민, 무기염류, 요소 등등 모두가 여과되어 내려간다.

일단 내려간 원뇨는 그 아래 붙어있는 세뇨관에서 재흡수되니 물은 물론이고 포도당과 일부 요소까지 흡수되고 나머지 요소, 비타민, 무기염류 등이 물과 함께 내려가 집합관, 신우, 수뇨관, 방광, 요도를 거쳐 소변으로 배설된다. 알고 보면 소변이란 그렇게 불순한 물질이 아니라서 어떤 사람들은 자기 오줌이나 손자의 오줌을 되마신다. 소변으로 몸상태를 검진하기도 하는데, 소변이 맑으면 몸이 건강한 것이다. 어쨌거나 네프론에서 여과된 것의 99퍼센트는 세뇨관에서 재흡수되므로 1퍼센트 내려간 것이 소변이다.

사람이나 연골어류는 단백질이 분해된 노폐물인 질소대사물이 요소고, 경골어류는 암모니아, 조류나 파충류는 요산이다. 상어나 홍어 같은 물렁뼈 물고기는 몸에 들어있는 요소의 양이 포유류보다 1백 배나 많다는데, 그래서 그런 고기는 잡아서 곧바로 먹으면 지린내가 나서 잘 먹지 못한다. 이 때문에 요소 파괴를 위해 썩히거나 말려서 먹는데, 목포의 명물인 홍탁(홍어에 탁주)을 먹어봐도 찐 홍어에서 코를 톡 쏘는 지린내가 물씬 난다.

요소는 모두가 단백질 분해 산물이라 독자들도 잘 살펴보면 고기를 많이 먹은 다음에 누는 소변의 냄새가 더 심하다는 것을 알 것이다. 그런 소변은 요소 농도가 짙어서 좋은 질소비료가 되는데, 그런 면에서 보면 "미국 것은 똥도 좋다."라는 말은 과학성을 갖는 말이다. 요새는 밭에 뿌려져 재순환시켜야 할 그것이 강으로 흘러드니 강과 호수가 부영양상태가 되어 오염이 어쩌고 남조류가 어쩌고 야단이다.

요소는 암모니아와 이산화탄소가 결합된 것인데, 사람의 간에서 오르니틴회로(ornithine cycle)라는 복잡한 과정을 거쳐서 일어나는 것이다. 간이 나쁜 사람은 한약이나 고기를 너무 많이 먹지 않아야 한다는 것도 바로 이런 약물과 단백질을 분해하려면 간이 힘들기 때문이다.

이야기를 바꿔서, 술이나 커피를 마시면 소변 양이 증가하는 이유는 어디에 있는 것일까? 소변 양 하나를 결정하는 데도 호르몬이 관여하는데, 그것도 저 위쪽 뇌에 들어있는 뇌하수체 후엽에서 분비되는 항이뇨호르몬인 바소프레신이 조절하니 이것이 많이 분비되면 신장의 세뇨관이 물을 많이 재흡수하여 소변량이 줄고 적게 분비되면 늘곤 한다. 그런데 알코올이나 카페인은 뇌하수체 후엽을 마비(?)시켜 항이뇨호르몬을 적게 나오게 하여 소변 양이 늘어나는 것이다. 한 자리에 앉아서 몇 리터의 생맥주를 마실 수 있는 것도 모두 바소프레신의 분비 억제 때문이다.

짠 음식이나 바닷물을 먹었을 때는 그 염분을 빨리 내보내기 위해(체액의 농도가 증가하는 것을 막기 위해) 노폐물 배설이 증가되고 따라서 물도 많이 배출되기 때문에 바닷물을 많이 마시면 탈수상태에 빠지게 된다. 사람의 뇌에 물의 양, 소금 농도 등 항상성 유지를 위한 예민한 감각기관이 있어 우리의 건강을 지켜주고 있다니 신기한 일이다.

세뇨관이 길고 짧은 것도 물의 재흡수와 연관이 있어 세뇨관이 아주 긴 사막의 낙타나 쥐는 물을 거의 재흡수해버려 배설물 농도가 체액보다 각각 8배, 22배나 더 높으나, 이들보다 세뇨관이 짧은 사람은 4배, 물에 사는 비버는 2배밖에 재흡수하지 않는다.

물을 거의 먹지 않는 사막 동물이 살 수 있는 것은 세뇨관 길이가 긴 점도 있지만 먹이가 분해될 때 나오는 물로 필요한 양을 보충할 수 있기 때문이기도 하다. 즉 지방 1그램에서는 물이 0.1그램 나오고, 포도당에서는 0.06그램, 단백질에서는 0.03그램이 나온다. 사막 동물 먹이로 지방이 좋은 이유가 바로 여기에 있으며, 사막 동물이 단백질을 많이 먹으면 질소 노폐물의 해악말고도 수분 부족으로 인해 죽기까지 한다. 사람도 먹는 음식물에서 하루에 2백 밀리리터의 물을 얻는다고 한다.

어쨌거나 신장은 우리 몸의 정수기로서 피를 맑게 한다. 신장이 건강하여 소변 하나 술술 잘 보는 것도 큰 복임을 알아야 한다. 신장이 제 기능을 못하여 1주일에 한 번씩 피를 걸러야 하는 사람들도 우리 주변에 많으니 말이다.

지름길로 달려오는 노화

"오는 백발 지는 주름. 한 손에 가시 들고 또 한 손에 막대 들고 늙는 길 가시로 막고 오는 백발 막대로 치렸더니 백발이 제 먼저 알고 지름길로 오더라." 고려 말 시인 우탁의 「탄로가(歎老歌)」인데 참 그럴듯하다. 누구나 언젠가는 죽고야 만다. 그러나 우리는 너나없이 영생이나 할 것처럼 욕심을 부리며 저 문 지방만 넘으면 저승인 것도 모르고 산다.

"노년은 투철하고 원숙하며 고요한 인생의 황금기"라거나 "주름살과 품위가 갖춰지면 존경과 사랑을 받고, 행복한 노년에는 말할 수 없는 여명을 받는다."라고 늙음이 찬양되기도 하지만 한편으로 "노년은 늘 죽음의 그림자 밑에서 산다." 하듯이 죽음을 코앞에 두고 있는 두려운 때기도 하다.

죽음은 홍모(鴻毛)와 같이 가벼운 것이요, '춘한노건(春寒老建)', 즉 봄추위와 노인의 건강은 오래가지 못한다는 점에서 같다는 뜻이니 실낱 같은 목숨을 비유한 "노인 건강은 봄눈과 같다."라는 말과 다를 바 없겠는데, 그래서 맑고 곱게 산다는 청빈의 의미를 새삼 되새기게 된다. 그렇다. 30년간 염습(殮襲) 봉

사를 해왔던 오병용 씨의 수필집 『욕심을 버리면 살아서도 천
국이지』(가서원, 1998)에서도 "죽은 자의 얼굴은 그가 살아온 삶
을 보여준다." 했고 "가진 것 없이 떠나는 이의 마지막은 편안
하다." 했다. 또 어떤 이는 "경망하지 않을 정도로 명철하게, 궁
핍하지 않을 정도로 청렴하게, 부러지지 않을 정도로 정직하게
살려고 애쓴다. 선학들의 엄청난 경구들은 제 분 속에 살려해
도 나에게는 너무 깊고 무겁고 어렵다." 했다. 사는 게 그리 쉽
지 않다는 것이리라.

사람이나 다른 생물이 늙는다는 것은 곧 그들을 구성하고 있
는 세포가 기력을 잃는다는 것이니 사람, 즉 세포 이야기가 됨
직도 하다.

작은 사람은 세포가 60조 개쯤이고 덩치가 큰 사람은 무려 1
백조 개나 된다고 하니 우리나라 사람은 어림잡아서 평균 70조
개가 되겠다. 그래서 세포 수가 많고 세포가 물과 기름을 흠뻑
머금은 사람은 체중이 많이 나가니, 결국 세포 수와 크기가 그
사람의 몸무게를 결정하는 것이다. 그리고 한 사람의 세포는
보통 유아기 때 다 만들어진다고 하니 머리나 몸 크기가 모두
초반에 결판이 난다.

장수학을 전공하는 많은 학자들은 우리가 어떻게, 왜 늙는가
를 밝혀보기 위해 별별 연구를 다 하고 있다. 헤이플릭이 태아
세포를 떼내어 접시에서 키워봤더니(이를 조직배양이라 한다) 대
략 70번 세포분열을 하였고, 70세 노인의 세포를 같은 조건에
서 키웠더니 20~30번 분열하고 말더란다. 이것은 어느 세포나

그 세포 안에 나름대로 모래시계를 가지고 있어서 얼마 동안 살고 나면 죽는다는 것을 설명하는 것으로, 이 '세포 태엽'을 찾아내서 어떻게 다시 감아주느냐가 장수학의 연구 과제다.

수명은 크게 보아 유전(자) 환경, 생활 태도에 달렸다고 보는데, '벤츠(장수 집안)'로 태어났느냐 '티코(단명 가계)'로 태어났느냐가 유전적인 것이라면, 이 자동차를 비포장도로에서 굴리느냐 아스팔트길에서 굴리느냐는 환경이 되겠고, 또 함부로 막 쓰느냐 아니면 손보아 추슬러가면서 타느냐는 생활 습관이 되겠다. 이 세 조건 모두가 명을 결정하는 것임이 확실하다.

세포를 늙게 하는 것은 첫째로 물질대사를 끝낸 세포에서 생기는 일종의 노폐물인 산소 유리기(oxygen free radical)가 세포막이나 유전자를 상하게 하기 때문이다. 그런데 무섭게도 백혈구가 세균을 때려잡을 때도 이 산소 유리기를 분비한다. 체내 산소의 95퍼센트는 이산화탄소나 물에 들어있고 나머지 5퍼센트가 유리기상태로 있다고 한다. 즉 산소라는 것이 이중인격자인 지킬과 하이드 같은 놈이라 이것 없이는 물질대사가 일어나지 않는 반면에 다른 한편으로는 세포를 다치게(늙게) 한다는 것이다. 산소 유리기는 전자를 하나 더 덤으로 가지고 있지만 매우 불안하여 세포막이나 유전자에 붙어 산소나 수소를 떼내어 그것을 해친다.

그래서 장수 비법 가운데 하나가 이 유리된 산소를 없애는 것인데 그런 물질을 통틀어 항산화제라 하며, 그것이 과일이나 채소에 많다고 하여 "장수하려거든 샐러드를 많이 먹"으라고 한다. 한마디로 많은 비타민들이 유리 산소를 제거한다는 것이다.

누구나 세월의 풍화작용으로 늙어가면 눈과 귀가 멀고, 후·미각이 둔해지고, 살껍질이 거칠어지고 종잇장같이 얇아지며, 근육은 탄력을 잃고 배에 기름이 붙고, 뼈는 대통처럼 숭숭 비어가고, 관절은 메말라 기름이 빠지며, 심장과 콩팥의 기능도 떨어진다.

그러나 약보불여식보(藥補不如食補)요, 식보불여동보(食補不如動補)라고 약보다는 밥이, 밥보다는 운동이 제일이라고 하니 늙어도 힘에 부치지 않을 정도로 꼬무락꼬무락 움직이는 것이 좋다. 게다가 언제나 바쁘게 읽고 쓰고 배우며, 혼자 집안에 들어앉아 지낼 게 아니라 여러 사람들과 어울려 능동적이고 적극적으로 지내는 것도 노화 방지에 좋다. 마음을 비워 욕심을 버리고 즐겁게 웃고 사는 것이 제일이다. 얼굴이 웃으면 뇌도 심장도 미소짓고 해로운 산소도 녹는다고 한다.

당뇨병 원리를 알면 늙음의 또 다른 면을 이해하게 된다. 빵이나 캐러멜이 열을 받으면 끈적끈적해진다. 그것은 설탕과 단백질이 결합되었기 때문인데 혈당이 높은 당뇨병 환자의 경우도 피 속의 고농도 포도당과 단백질이 달라붙어 점성이 높아져 이것이 관절을 뻑뻑하게 하고 혈관을 틀어막으며, 또 눈의 렌즈(수정체) 같은 맑은 조직을 흐리게 하여 백내장을 유발시키기도 한다.

그런데 근래에 당과 단백질이 결합된 것을 녹여버리는 피그마게딘(pigmagedine)이라는 약이 개발됐다고 하는데, 적당히 운동하면서 이 약까지 먹으면 이론적으로 가능한 인간의 수명인 1백20 살까지 너끈히 사는 때가 올지도 모르겠다. 그러나 아직까지는 허망한 야무진 꿈이라고 해야 하겠다.

그런데 엉뚱한 실험 결과가 우리를 무척 당황하게 하는데, 적게 먹으면 오래 산다는 '소식 장수'의 이론이 그것이다. 쥐를 가지고 실험해보았다는데, 게걸스럽게 먹을 만큼 먹게 한 그룹과 먹이(칼로리)를 제한한(30~40퍼센트 적게 먹임) 것을 비교하면 먹이를 절제시킨 것들이 40퍼센트나 더 오래 살더라는 것이다. 하지만 이 실험과 이론의 문제는 성장이나 생식 활동 등은 무시하고 오직 생존(수명)에만 초점을 맞춘 것이라 의미가 덜하다 하겠다. 어쨌거나 질탕하게 먹어 과체중에 비대한 사람이 백수를 누리지 못한다는 것은 사실이나 너무 말라깽이인 사람도 장수하지 못한다는 것도 알았으면 한다.

늙음의 원인은 세포의 염색체에서도 찾을 수 있다. 염색체는 '염색이 잘되는 물체'라는 뜻인데, 세균에서 시작하여 모든 생물은 개수, 크기, 모양이 고유한 염색체를 가진다. 사람은 세포마다 염색체를 46개씩 가지고 있다.

염색체는 세포분열 시에 같이 분열해야 하기 때문에 계속 분열할수록 염색체 끝부분에 있는 DNA(텔로미어)가 구두끈이 닳듯이 끝이 떨어져나가 결국 분열 능력을 잃어 세포가 죽는데 이것이 곧 늙음이다.

언젠가 신문에 이 텔로미어를 닳지 않게 하는 텔로머라아제(telomerase)라는 물질을 발견하였다는 기사가 실린 적이 있었

다. 이 알약을 먹으면 세포가 늙지 않고 끊임없이 분열하게 되
어 영생을 누릴 것이라는 허황(?)된 기사였다. 묘하게도 암세포
는 스스로 텔로머라아제를 만드는 재주가 있어서 수천 번을 쉬
지 않고 분열할 수 있다.

그건 그렇다 치고 초파리가 30~40일, 들쥐가 3년, 돌고래가
25년, 코끼리가 50년을 살아서 동물생리학자들은 덩치가 큰 동
물일수록 덩치에 비례하여 장수한다고 하는데, 유독 거북이만
민물산이 50년, 해산(海産)이 1백 년을 넘게 사니 이 거북이한
테서 장수 비법을 찾느라고 다들 눈이 벌겋다. 더 놀랄 일은 거
북이 놈들은 암수 모두가 죽을 때까지 생식력이 있어서 계속
알을 낳고 새끼를 치며 쉼 없이 세포가 늘어 덩치도 계속 커지
는데, 이처럼 꾸준한 정력(?)은 거북이의 그 느릿함에 이유가
있지 않나 싶다. 그래서 오래 살려면 느긋하고 겸허한 마음가
짐과 자세가 필요하다 하겠다.

장수의 기작을 알기 위한 연구는 세포나 염색체 수준을 넘어
DNA 일부인 유전인자 단계까지 접근하였다고 한다. 실험 재료
도 초파리나 효모 대장균이 아닌 흙 속에서 세균을 잡아먹고
사는 1밀리미터 크기의 선충류인 캐노랍디티스 엘레간스
[Caenorhabditis elegans]라는 놈을 쓴다고 한다. 몸이 투명한 이
벌레는 흙에서는 9일밖에 살지 못하나 실험실에서 여럿을 키
우면서 75일까지 사는 장수 벌레를 찾아냈고, 이 슈퍼 벌레와
보통 것의 유전자를 찾아 비교해봤더니 유전자 하나가 달랐다
고 한다. 그 유전자를 Age-1이라고 이름 붙였는데, 이것은 유전

자가 수명을 지배하고 있음을 말하는 것이다. 이것이 바로 '벤츠'냐 '티코'냐를 결정하는 것으로, 사람에서도 그런 시계 유전자를 찾으려고 시도하고 있는 것이다.

프로야구 선수 박찬호가 자신이 도움을 주고 있는 노인 친구(?)와 같이 노니는 사진을 가끔 보는데 그 친구는 조로(早老)병, 즉 워네 증후군(Werne's syndrome)에 걸린 것으로, 그런 사람은 스무 살이 되면 폭삭 늙고 쉰 살이 되기 전에 죽고 만다. 이런 사람은 수명과 관련 있는 유전인자가 돌연변이를 일으켜 빨리 늙는 것인데, 이것은 앞의 선충류의 Age-1 유전자에 돌연변이가 생긴 것과 같은 것으로 본다. 어쨌거나 내림이란 무서운 것으로, 오래 살려거든 장수 집안에서 태어나야 한다는 것을 어렴풋이나마 느끼게 된다.

근래에 와서 생장호르몬, DHEA호르몬, 멜라토닌, 에스트로겐 등 희한한 약들이 쏟아져나오지만 그것들이 세포의 늙음(세월)을 끝내 멈추지는 못할 것이다.

늙기 싫다고 약에 의존하는 것보다는 겉이 늙어도 속까지 늙지 않는 생동감 넘치는 젊은 마음을 갖는 것이 우리 같은 늙다리들에게 필요한 장수 무기가 아닐까 싶다. 로마시대의 평균 수명은 스물두 살이었다고 하는데 오늘날 우리에겐 고희 넘기는 것이 누워 떡 먹기가 되었다. 그런데도 더 살겠다고 악다구니 발악을 하는 걸 보면 욕심이 과하다는 생각이 든다.

4부 세균들의 항변

세균과 함께 살아야 할 이유

생물계를 잘 들여다보면 그들 사이에 '경쟁'만 있는 게 아니라 '협동'이라는 놓치기 쉬운 요소도 공존하고 있다.

어쩌다가 우리는 생존경쟁이라는 자본주의의 허상에 깊게 젖어 일등이니 정복이니 하는 정글 법칙을 예사롭게 받아들이고 물질만능 사상에 중독되고 말았는가. 아비가 제 분신인 자식의 손가락을 자르고 자식이 아비를 죽이고 부인이 지아비를 목 조르니, 저 땅바닥의 꼬마 개미가 알까 두렵다.

이제 우리는 경쟁이 아닌 협동 쪽으로 눈을 돌릴 때가 됐으니 저 많은 생물들이 어떻게 서로 공생하면서 살아가는지를 보도록 하자. 공생이란 미물들도 더불어 산다는 의미니 동물계에서는 '공서(共棲)한다'고 하는데, 공생이든 공서든 모두 어울려 서로 도우며 산다는 뜻이다.

우리나라는 흰개미 피해가 없는 무풍지대로 알았는데 해인사의 목조건물 기둥과 서까래 속을 흰개미들이 파먹고 있다고 한다. 흰개미는 개미와 다른 무리(目)로, 개미는 머리·가슴·배가 뚜렷하게 구분되지만 흰개미는 가슴과 배가 하나로 보인다.

아무튼 흰개미는 고목을 갉아먹고 사는데, 창자에서 나무의 주성분인 섬유소(셀룰로오스)를 분해하는 효소가 분비되지 못해 장에 공생하는 트리코님파(*Trichonympha*)라는 원생생물이 섬유소를 소화시킨다. 소가 풀을 소화시키지 못해 반추위에 사는 미생물이 분해하듯이 말이다. 얼마나 절묘한 '같이살이'인가. 흰개미와 트리코님파 관계는 너 죽고 나 살자가 아니라 서로가 너 없이는 나도 못 산다는 것으로, 흰개미는 음식 분해자를 몸 안에 얻고, 트리코님파는 서식처를 얻어서 함께 살아가는 것이다. 흰개미뿐만 아니라 사람을 포함한 동물들의 대부분 내장에는 미생물들이 즐비하게 진을 치고 있어서 서로 도우며 산다.

트리코님파나 다른 모든 미생물은 다당류인 식물의 섬유소를 2당류인 셀로비오스로 바꾸고, 또 여기에 효소 셀로비아제를 분비해서 공생생물이 흡수할 수 있는 간단한 단당류인 포도당으로 바꾼다. 사람의 체내(대장 내)에는 이런 효소를 분비하는 미생물이 서식하지 못하기에 우리는 풀(섬유소)을 분해하여 포도당으로 이용하지 못한다.

그런데 어찌하여 풀을 많이 먹으라고 하는 것일까. 사실 채소의 비타민이나 무기염류 등은 우리가 흡수하지만 섬유소는 쓸모가 없다. 그러나 그것은 대장에 살고 있는 세균들의 먹잇감으로, 대장균이 대장의 운동을 도와 변의 이동을 촉진시켜 대장암을 예방한다고 한다. 그러므로 육류만 먹으면 세균들이 사용할 배지가 되는 섬유소 없어서 이것들이 제대로 살지 못하여 대장의 건강에 지장을 준다는 것이다. 그러니 알고 보면 우리의 대장에 있는 저 많은 대장균들이 우리의 생명을 담보하고 있는 것이다. 똥을 먹고 사는 대장균들이 내 몸을 도와주는 공생체임을 분명히 알아야겠다.

실제로 대장균들은, 소장에서 흡수되고 남은 섬유소와 찌꺼기를 분해하여 여러 종류의 비타민 B는 물론이고 비타민 K까지 합성하여 흡수하게 한다.

병으로 인해 항생제를 장기간 많이 써서 대장균이 다 죽어버린 사람은 비타민 K가 부족하여 상처를 입으면 혈액응고가 잘되지 않는다. 이것말고도 대장균들이 하는 일은 훨씬 더 많을 것이다. '대장균은 나쁜 놈'이어서 설사나 일으키는 것으로 생각하지 말라는 것으로, 대장에서 수많은 세균들이 서로 경쟁하면서도 평화롭게 평형을 이루고 있으면 장이 건강하나 어느것 하나가 득세하여 무성해져서 균형이 깨지는 날에는 병이 되고 설사가 난다. 이들의 평화 유지에 유산균이 좋다 하여 김치 국물이나 요구르트를 마시는 것이다.

소나 염소는 재빠르게 풀을 뜯어 먹고는 조용한 구석에서 되새김질을 하는데, 소는 보통 50번 이상 한다. 그러나 말이나 토끼는 반추를 하지 않는다. 소, 양, 염소, 낙타와 같은 동물은 네 개의 방으로 된 반추위를 가지고 있어서 반추동물이라 하는데, 이 동물들이 먹은 풀을 위에 있는 여러 미생물이 분해하니, 이 동물들에게 위는 단순한 먹이 저장소가 아니라 발효탱크인 셈이다. 갓 태어난 송아지의 반추위에는 이런 여러 미생물이 들어있지 않아 송아지는 어미의 젖통이나 털에 묻은 것을 핥아먹는다. 우리도 하루에도 여러 번 소처럼 저렇게 눈을 지긋이 감고 아련한 과거를 반추하는 사색의 시간을 가졌으면 한다.

그러나 토끼나 말 등의 위는 저장 밥통의 역할만 한다. 이들이 먹은 섬유소는 대장의 첫 부위인 커다란 맹장이라는 발효통에서 역시 미생물이 소화효소를 분비해 분해한다. 토끼들은 가끔 제가 눈 똥을 되먹어서 미생물을 재공급받는데 새끼 토끼는 어미의 똥을 먹어 그렇게 한다. 이렇게 미생물이 없는 세상은 상상이 불가하고 그것들 덕에 우리는 쇠고기, 토끼고기를 먹는다. 잘 보면 이 세상은 미생물의 것임을 알아야 한다. 역시 멋있게 어우러진 공생의 세계가 아니겠는가.

그렇다면 새끼손가락만 하게 퇴화했다는 사람의 맹장은 무슨 소용이 있는 것일까? 의학도 유행을 타는지라 한때는 다른 수술을 하다가도 옆에 있는 그놈을 잘라버리기도 하지 않았던가. 하지만 세상에 '무용지물'이 어디 있던가. 다 필요하여 그 자리를 지키고 있는 것이 아니겠는가. 늦게나마 맹장과 편도선이 면역세포 형성에 관여한다는 사실이 밝혀져서 이제는 함부로 칼을 대지 않는다. 그것을 자른 사람을 보면 어딘가 힘이 없고 맥을 못 추는 듯 보인다. 대장균도 우리에게 꼭 있어야 하는 것일진대 생살인 충수야 말해서 뭐하겠는가.

함께살이의 세계를 다루면 사실 한도 끝도 없다. 이번에는 저 멀리 하와이에 살고 있는 오징어의 일종인 유프림나 스콜로페스[*Euprymna scolopes*](2.5센티미터 정도의 크기)와 발광세균인 비브리오 피셔리[*Vibrio fischeri*]의 공생관계를 보도록 하자. 비브리오도 여러 가지가 있는데 이 종은 식중독을 일으키는 비브리오와는 다르다.

그런데 묘한 것은 숙주와 세균의 공생관계가 정해져있다는 것이다. 예를 들어 하와이 오징어에는 다른 비브리오 세균이 달라붙지 못한다는 것인데, 사람이나 소에 공생하는 놈들도 마찬가지다.

그런데 이 오징어는 알에서 부화된 새끼 때는 송아지같이 비브리오를 갖고 있지 않다가 수시간이 지나 외투막 안에 들어있는 발광기관에 세균들이 끼여들기 시작한다는 것이다. 밤에는 세균들이 푸르스름한 녹색빛을 발한다고 한다. 오징어 발광기관에 렌즈가 붙어있어서 세균의 빛을 모아 반사하기 때문이다.

세균들은 오징어에 붙어 살고 오징어는 그것들의 빛을 내쏜다는 말인데, 이 빛은 오징어의 생존에 어떤 작용을 하는 것일까. 녀석들은 밝은 낮에는 바다 밑바닥 모래밭에 몸을 묻고 지내다가 밤이 되면 수면으로 올라오는 플랑크톤을 따라 위로 이동한다. 울릉도 오징어도 이래서 밤에 잡는 것인데, 어부들은 생물을 전공하는 필자보다 오징어의 생태를 더 잘 알고 있다.

하와이 꼬마 오징어가 물 위로 올라오면 큰 포식자 물고기가 눈을 부릅뜨고 설치기 시작한다. 특히 달밤에는 그림자가 생겨 잡아먹히기 쉬운데 그때 오징어는 배 아래로 달빛 방향과 같이 빛을 보내 제 그림자를 죽여 천적을 피한다. 오징어와 세균이 연출한 절묘한 생존전략이다. 오징어가 잡아먹히면 세균도 따라 죽게 되는 공동운명체가 아니겠는가. 그런데 오징어가 어떻게 그런 생태를 알게 됐을까. 참으로 흥미로운 현상인데 아무도 그 원인을 풀지 못한다. 그들이 만들어내는 위장술은 배추흰나비의 유충인 배추벌레가 보호색으로 살아남는 것에 버금가는 훌륭한 작전이라 하겠다.

여기에서 오징어나 꼴뚜기가 천적을 만나면 먹물을 뿌리는 연막전술에 대해 언급하지 않을 수가 없다. 짧게 말해서 물고기가 오징어의 먹물에 눈이 어두워져 오징어를 못 잡는 게 아니라 오징어 냄새를 흑흑, 킁킁 맡으면서 먹물 둘레에서 헤매는 동안 오징어가 멀리 내빼는 것이다. 여름에 모깃불 연기로 모기가 사람을 찾지 못하게 하듯이 말이다.

더불어 사는 공생의 대표적인 예로 개미와 진딧물(개미는 진딧물의 배설물을 먹고 진딧물을 잡아먹는 곤충을 못 오게 한다), 집게와 말미잘(집게 등딱지에 붙은 말미잘은 자세포로 집게의 천적을 쏘아 쫓고 대신 집게는 말미잘을 여기저기로 옮겨 준다), 콩과식물과 뿌리혹박테리아(근류세균)의 관계를 든다.

여기서는 콩, 칡, 아까시나무, 등나무 등의 콩과식물과 뿌리혹박테리아의 공생 생태를 좀 상세하게 보자.

모든 콩과식물의 뿌리에는 세균의 한 종류가 들어가서 공기 중의 무한한 질소를 고정하여 숙주식물에게 제공하고, 대신 자신은 서식처와 양분을 제공받는다. 식물은 비료의 3요소 중 하나인 질소 걱정이 없고 세균은 집 걱정을 하지 않아, 말 그대로 '누이 좋고 매부 좋은' 꼴이다.

먼저 콩과식물이 뿌리털에 가느다란 실(필라멘트)을 만들어 놓으면 흙에 있던 뿌리혹박테리아가 그 신호를 알아차리고 역시 가는 필라멘트를 형성하여 실끼리 합쳐지는 융합을 하고 그것을 뿌리 안으로 당겨 끌어들인다. 그러고는 뿌리털의 끝부분을 꽉 닫아버린다고 하니 참 묘한 일이다. 그 많은 식물과 세균들이 있건만 꼭 콩과식물과 뿌리혹박테리아 사이에만 짝짜꿍을 하니 묘하다.

일단 뿌리에 들어간 세균은 식물에서 양분을 받아서 번식하여 뿌리 끝에 커다란 혹을 만드니 뿌리의 곳곳에 비료 공장이 생긴다. 그래서 콩과식물은 웬만큼 박한 땅에서도 잘 자라고, 밭에다 콩을 해마다 돌려 심으면(윤작하면) 비료를 적게 주고도 채소나 곡식을 키울 수 있다. 뿌리혹의 수많은 세균들은 질소를 고정하는 효소로 공기 중의 유리상태의 질소를 암모니아나 질산염상태로 바꾸어서 식물이 쉽게 질소 성분을 얻도록 한다. 이렇게 식물 안으로 들어가서 질소를 고정하는 놈말고도 시아노박테리아(cyanobacteria) 무리처럼 물속에서 많은 질소를 고정하는 놈들도 있다. 한때는 봄철 노는 논에 자운영(紫雲英)이라는 콩과식물을 심었다가 갈아엎고 퇴비를 그득 넣은 후 나락을 심곤 했는데, 요새는 그 광경도 못 보게 되었다.

지금까지 식물과 세균, 동물과 세균들이 서로 상대를 알아차리고 짝을 이루어 공생한다는 것을 알아보았다. 이제는 사람과 공생하는 세균에 대해서 알아보기로 하자.

앞에서 얘기한 대장균말고도 피부에 묻어 사는 피부세균도 우리의 피부 보호에 큰 몫을 한다. 세균들도 서로 경쟁한다. 다 알다시피 흙에 사는 세균들과 곰팡이가 다른 세균이나 곰팡이, 바이러스의 침입을 막기 위해 항생제를 분비하니 그 성질을 안 사람들이 그런 놈들을 키워 얻은 것이 페니실린이나 마이신 등의 항생제다. 어쨌거나 사람의 살갗에도 터를 잡고 사는 고유한 세균이 있어서 때나 피지샘에서 분비하는 기름기, 지방산 등을 양분으로 먹고 산다. 이것들은 피부에 해를 주지 않는 세균으로, 해를 미치는 세균들이 오면 싸워서 멀리 쫓아버리니 이 세균 덕에 우리 피부가 튼튼하고 건강을 잃지 않는 것이다.

한데 사람들은 세균 하면 다 나쁜 것으로 알아서 몸에 비누칠을 하고 때밀이까지 써서 공생세균은 물론이고 피부의 습기와 병균을 막는 때나 케라틴층까지 몽땅 벗겨버린다. 절대로 동의하지 않을 독자들이 있겠지만, 때는 적당히 두는 것이 피부에 좋다.

샤워를 자주 하는 것도 좋지 않으며, 하더라도 비누칠은 삼가는 것이 옳고, 꼭 한다면 체모가 있는 샅이나 겨드랑이 부위만 하는 것이 바람직하다.

필자가 대학 다니던 시절처럼 기껏해야 한 달에 한 번 목욕을 하던 시대는 지나갔다. 목욕탕에 갔다 하면 국수때를 벗기던, 남세스러워 이야기하기도 쑥스러운 그때의 습관이 아직도 남아서 '목욕은 때 벗기는 것'이라는 등식의 사고방식을 지우지 못하는 사람들이 많다. 좋지 못한 습관의 유전은 오래가고 질기다. 내일이면 지구를 떠날 사람처럼 매일 아침 머리를 감고 하루가 멀다 하고 샤워를 하는 습관적인 행동에 대해 다시 한 번 생각해봐야 하지 않겠는가.

내 몸의 피부도 '자연'의 일부일진대 비누, 수건, 때수건까지 동원하여 거기에 사는 유익한 미생물인 세균까지 박멸하는 것이 자연 파괴가 아니고 무엇이겠는가. 필자가 좋아하는 말인 과유불급(過猶不及)을 되새기지 않을 수 없다. 과한 것은 부족함만 못한 것이니 무위자연(無爲自然)이라고 자연(피부)은 그대로 두는 것이 옳다. 피부에 유익한 '우리의' 세균을 보호하기 위해서 말이다.

세균

　세균이란 가장 미세하고 하등인 단세포생물을 일컫는 것으로 영어로는 박테리아(bacteria)라고 하는데, 박테리아는 복수형이고 단수형은 박테리움(bacterium)이다. 미리 말하지만 세균은 흔히 우리가 가지고 있는 '병원균'이라는 생각과 달리 사람에게 매우 유익한 활동을 한다.

　세균은 남극과 북극의 얼음 속이나 히말라야 산꼭대기에서부터 깊은 바다의 바닥, 산과 강, 동식물의 겉과 속, 공기 등 살지 않는 곳이 없으며, 심지어는 부글부글 끓는 온천 속에서도 산다. 그런데 이것들은 수분이 없거나 몹시 추워서 환경이 좋지 않으면 포자를 만드는데, 포자는 1백 도에서 7분, 흙 속에서는 수백 년을 끄떡없이 견딜 수 있는 무서운 생명력을 갖고 있다. 사람에서도 피부나 입 안, 창자에도 세균이 살고 있으니, 이 광활한 지구는 한마디로 '세균 천지'라 해도 과언이 아니다.

　세균은 말 그대로 하도 작아서 평균 길이가 1마이크로미터, 지름이 0.5마이크로미터 정도라서 광학현미경으로 보면 1천 배로 보아야 겨우 보이고, 전자현미경으로나 내부 구조를 확인할 수 있다. 사람도 그렇지만 생물은 작을수록 생존가(生存價)가 높은 것이라 세균이 작다는 것은 나름대로 유리한 적응인 것이다.

세균은 핵이 없는 원핵동물이며, 진핵동물에 비해 세포막은 더 두껍지만 안에 염색체를 싸고 있는 핵막이 없어서 DNA가 주성분인 염색체가 고리 모양으로 퍼져있다. 물론 세균이 한 개의 세포로 된 단세포생물인 것은 우리가 다 아는 사실이고, 염색체도 단 한 개뿐이다. 세균은 염색체의 DNA 길이가 1.2밀리미터, 크기는 0.001밀리미터고, 염기쌍은 4백70만 개나 된다. 그런데 이 커다란 염색체 고리말고도 작은 둥근 고리 모양의 DNA인 플라스미드(plasmid)가 있다. 세균 중에서 대장균이 가장 많이 연구되고 있는데, 대장균이나 효모의 플라스미드는 유전자 조작에 매우 긴요하게 사용되고 있다.

세균이나 곰팡이, 효모 등 여러 단세포생물을 묶어서 미생물이라고 하는데, 이들은 초식동물 안에서는 섬유소를 분해하는 발효탱크 역할을 한다. 즉 풀의 탄수화물 분해는 물론이고 분해된 것을 지방산이나 아미노산으로 바꾸어준다. 우리가 하루도 빠짐없이 먹는 김치며 고추장, 간장, 된장, 청국장, 젓갈, 술, 식초뿐만 아니라 버터며 치즈, 요구르트도 모두 미생물을 이용해서 만든다.

덧붙여서 세균들과 더불어 생각해야 하는 것이 곰팡이와 효모인데, 이 둘도 사람에게 해롭기보다는 유익한 점이 훨씬 많다. 무엇보다 동식물을 썩히고 물을 정화시키는 등 생태계에서 분해자로서만도 그 존재 가치가 높다. 사람과 동물의 배설물이나 시체가 썩지 않고 널브러져있다고 상상해보라. 많은 사람들이 쏟아내는 대소변이 물로 흘러들어 갈 뻔했다. 이러니 정말 고마운 놈들이 아닌가.

세균은 하도 작아서 가름하기가 어려운데, 마른 흙 1그램에는 수백만 마리가 들어있고, 비옥한 토양일수록 더 많아 대변 1그램에는 수십억 마리나 된다. 세균은 어떤 방법으로 그렇게 수를 늘려가는 것일까?

세균의 번식 방법에는 이분법(二分法), 출아법(出芽法), 포자형성법(胞子形成法)이 있다. 모두가 암수가 관여하지 않는 무성생식법으로, 이분법이란 충분히 자란 어미세포가 온도, 습도, 양분, pH 등의 조건이 충족되면 몸(세포)이 반으로 나뉘는 것으로, 대략 20분이면 잘려나온 딸세포(낭세포)는 다시 분열이 가능해서(한 세대가 20분이다) 한 개의 세균이 12시간 안에 무려 7백억 마리로 불어난다. 휴, 무서운 번식력이 아닌가. 그 7백억 마리가 20분 후에는 과연 또 몇 마리가 되겠는가. 60억이라는 전 세계 인구가 고작 대변 1그램 속에 들어있는 대장균의 수에도 못 미치는 것이다.

그런데 효모들은 이분법도 하지만 주로 출아법으로 수를 늘려가는데 세포에서 작은 혹이 생겨나 어느 정도 자라면 그것이 떨어져나가는 것이다. 또 곰팡이 무리는 홀씨주머니(포자낭) 속에 수많은 포자를 만들어 공중으로 날려보내서 어디에 가서든 환경조건만 알맞으면 팡이실(균사)을 내어 자라 또 포자를 만들어낸다. 그러니 세균은 말할 것도 없고 효모와 곰팡이 포자가 묻어있지 않은 곳이 없다. 그것들이 하도 작아서 우리 눈으로 보지 못해 망정이지, 눈이 좋아 세균이나 곰팡이 홀씨까지 보인다면 어쩔 뻔했나 싶다.

세균 형태는 크게 셋으로 나뉘어있는데 세균 이름에 '코쿠스(coccus)'라는 말이 붙으면 구형(球形), '바실루스[bacillus]'는 막대모양(간균), '비브리오'는 꼬부라진 나선형임을 나타낸다.

이 세균들 중에서도 간균들은 편모가 한 개 내지 여러 개여서 자극(먹이, 온도, 습도, 항생제 등)의 내용에 따라 양성이나 음성 주화성(走化性)을 나타낸다. 먹이가 있고 온도가 적당한 쪽으로 이동하는 것이 양성 주화성이고, 항생제나 백혈구가 있는 곳에서 벗어나 도망치려는 것이 음성 주화성이다. 세균은 편모를 가지고 이동하는데 편모가 시계반대방향으로 움직이면 앞으로 나아가고, 시계방향으로 움직이면 뒤로 간다. 세균들이 방향을 다 알고 이동을 한다니 재미있는 일이다. 세균은 편모말고도 짧은 돌기를 가지고 있어서 바닥에 달라붙는데 이의 에나멜에 달라붙는 입 안의 세균들이 대표적인 예다.

그런데 세균도 유성생식을 하는 수가 있어 두 마리가 서로 달라붙어서 핵물질(DNA)을 교환하는 접합(接合)을 한다. 암수가 가지고 있는 유전물질을 교환하는 것을 유성생식 또는 양성생식이라 하는데, 이 생식법은 무성생식보다 더 빠른 진화를 할 수 있는 방법이다. 그러나 세균의 접합이라는 유성생식은 사람의 입장에서 보면 매우 불리한 것으로, 항생제를 써도 듣지 않는 내성균(돌연변이균 또는 변종)이 생겼을 때 이것이 다른 내성이 없는 균과 접합하여 핵산을 교환하면 그 균도 내성을 지니게 되기 때문이다. 그래서 항생제를 쓸 때는 내성균까지도 죽도록 해줘야 하는 것이다.

항생제를 함부로 많이 쓰면 그 약으로는 듣지 않는 변종이 생기며, 그렇게 되면 신장이 망가지고 가운데 귀의 이석을 상하게 하는 등 부작용이 많으므로, 항생제는 절대로 남용해선 안 된다. 의사의 처방 없이도 마음대로 항생제를 사먹을 수 있는 나라가 우리나라를 빼고 몇이나 되는지 필자는 잘 모르겠다.

앞에서도 말했듯이 항생제는 바로 세균이나 곰팡이에서 얻은 것이다. 영국의 세균학자 플레밍이 세균(포도상구균)을 배양하던 곳에 푸른곰팡이가 날려 들어와 번식하였는데, 푸른곰팡이가 자란 자리에는 세균이 자라지 못하였다. 그 푸른곰팡이가 페니실린이라는 항생제를 분비하여 세균이 자라지 못하게 했던 것으로, 그것이 항생제를 만드는 계기가 되어 플레밍은 이 공로로 노벨상을 받았다.

다시 말하면 항생제는 세균이나 곰팡이가 흙 속에서 다른 것들을 자라지 못하게 하거나 죽이고 또 바이러스 침입을 막기 위해서 분비하는 물질인데, 알고 보면 이렇게 미생물의 세계도 싸움투성이라 그리 평화롭지만은 않다. 어쨌거나 사람들은 영리해서 이 미생물들에게서 항생제를 다량으로 뽑아내 사람 몸에 넣어서 우리 몸에 들어온 그것들을 거꾸로 죽이는 데 사용하고 있다.

항생제를 얻는 대표적인 세균에는 바실루스나 스트렙토마이

시스(Streptomyces) 무리가 있고, 곰팡이에는 페니실리움과 케팔로스포리움[*Cephalosporium*], 마이크로모노스포라[*Micromonospora*] 등이 있다. 항생제는 세균의 세포막 형성을 억제하거나 단백질의 합성, DNA와 RNA의 합성, DNA의 복제 등을 억제하여 결국에는 상대방을 죽게 만든다. 이렇게 미생물도 자기방어를 위한 엄청난 무기를 가지고 있다.

이들은 주로 토양 속의 유기물을 분해하여 살아가는 것들이라 비옥한 땅일수록 많고, 이 때문에 그런 흙에서는 세균들의 냄새인 흙 내음이 짙게 풍긴다.

2차 세계 대전 때만 해도 페니실린 덕에 수많은 인명을 구할 수가 있었고 지금도 항생제 도움으로 많은 사람들이 목숨을 유지하고 있다. 그러니 항생제가 없는 세상은 상상하기조차 어렵다.

김치나 고추장을 담글 때 찹쌀가루나 밀가루 풀을 쒀서 넣는데, 이것은 무슨 이유에서일까? 김치가 발효하기 위해서는 효모나 유산균들이 분열해야 하는데, 이들 미생물들이 자랄 수 있는 일종의 먹잇감 역할을 한다. 무나 배추 속의 효소가 풀을 분해하기도 하지만 효모는 효소를 여러 종류 가지고 있어서 김치에 있는 여러 가지 탄수화물을 분해하고 유산균(젖산균)은 당을 분해하여 시큼한 맛을 낸다. 김치 국물(젖산)은 바로 유산균 덩어리인 것으로, 온도에 따라 숙성 정도가 달라진다. 그런데 김치를 담글 때 넣는 생선이나 굴이 썩지 않고 발효하는데, 이는 산성(pH 3.5~4.5)에서 효모나 젖산균이 번식하며 중성(pH 7) 근방에서는 세균들이 맥을 못 추기 때문이다.

뭐니 뭐니 해도 발효의 대명사는 술 만들기다. 고두밥이 이 당류, 단당류로 분해되어 알코올이 되기까지의 과정은 모두 효모의 효소가 하는 것이고, 알코올을 초산으로 바꾸는 것은 산소가 있어야 활동하는(유기호흡) 초산균이 맡는다. 발효식품은 어느것이나 미생물들이 가수분해(소화)를 시켜놓은 것이라 먹으면 소화와 흡수가 빠르다는 공통 특징이 있어서 밥보다 술이나 식초가 흡수되는 속도가 훨씬 빠르다.

간장 만들기에 사용되는 메주는 콩을 삶아 찧은 후 뭉쳐서 띄운 것인데, 여기서 띄운다는 것은 콩 단백질을 고초균(枯草菌)이 가수분해효소를 분비하여 단백질을 아미노산으로 분해하는 과정을 말한다. 이런 과정이 있었기에 된장이나 간장에는 아미노산이 많이 들어있는 게 아니겠는가. 역시 그래서 간장이 콩 단백질보다 소화·흡수가 빠르다. 이 고초균은 짚에 많이 서식하므로 메주를 짚으로 묶어두는 것인데, 옛사람들은 경험으로 과학을 생활화했다는 점이 참으로 놀랍다. 아무튼 발효식품이 건강에 좋다는 것은 이미 양분이 흡수하기 쉬운 단계까지 분해되어 있기 때문이다.

그렇다면 요구르트는 어떻게 만들어지는 것일까? 요구르트도 세균들이 요술을 부려 만든 것인데, 대표적인 것으로는 락토바실루스[*Lactobacillus*]와 스트렙토코쿠스[*Streptococcus*] 무리의 세균이 우유의 젖당을 분해하여 만든다.

제일 먼저 지방이 적은 우유(14~16퍼센트 정도의 탈지우유 또는 탈지분유)를 9도에서 30분간(혹은 82~88도에서 3분간)가열한 후에 46~47도로 식힌 다음, 앞의 세균들을 넣고 섞어 그대로 두면 우유가 응고되어 요구르트가 되는데, 여기에 과즙이나 잘게 썬 과일을 넣어 먹기도 한다. 그런데 우리나라에서 만든 어떤 요구르트 선전에 "한국인의 유산 종균(種菌)"이라는 말이 있는데, 이 말은 바로 한국 사람의 대변에서 그 균을 순수분리했다는 말이다.

버터나 치즈도 마찬가지로 우유에 여러 가지 세균을 넣어서 젖당을 분해시키고 우유의 카세인 단백질을 응고, 침전시켜 얻는 것인데, 세균의 종류에 따라 그 맛과 향이 모두 다르다. 우유로 만든 발효식품은 우유의 당인 젖당이 분해되어 젖산으로 바뀌어 있으므로 젖당을 잘 분해시키지 못하는 사람들이 먹기 좋으며, 거기에 들어있는 수많은 젖산균은 대장에서 '세균의 평형'을 이루게 한다. 한마디로 유산균은 대장에서 '경찰' 또는 '헌병'의 노릇을 한다. 우리의 김치 국물 또한 요구르트에 뒤지지 않는 정장제(整腸劑)임을 알아야 하겠다.

요구르트 등에 사용되는 젖산균은 우유에도 들어있지만 동물의 사료나 목초, 야채, 거름, 개울물 등에도 살고 있다. 연구실에서는 그중에서 좋은 종만을 골라내어 순수배양해서 발효에 사용한다. 발효에 사용되는 젖산균은 크기가 0.5~0.8마이크로미터 정도고 막대 모양이며 특히 일종의 장내 '평화군'으로서 우리 건강에 매우 중요한 구실을 한다. 이제는 독자들도 세균이 해로운 존재가 아니라 오히려 매우 고마운 존재임을 느끼게 되었을 것이다.

생물도 무생물도 아닌 감기 바이러스

바이러스는 핵산과 단백질로 된 핵단백질로, 생물이라 하기에는 구조가 너무 원시적이지만 다른 세포에 들어가서 번식하는 능력이 있으니 무생물이라 하기도 그렇다. 이를 생명체로 본다면 세균보다 아래에 자리매김을 해야 하니 이놈은 가장 하등한 생물이라 하겠다. 그래서 바이러스를 입자(알갱이)라 표현하는데 하도 작아서(10~1백 나노미터) 보통 현미경으로는 볼 수가 없고 전자현미경이라야 보인다. 보통 세균이 1마이크로미터인 것에 비하면 엄청 작은 편이다.

이렇게 바이러스나 세균은 너무 작아서 우리 눈으로 보지 못하는데, 그렇다면 사람의 눈으로는 어느 정도의 크기까지 볼 수 있을까? 1밀리미터를 열로 나눈 0.1밀리미터까지는 육안으로 볼 수 있지만 그보다 작으면 보지 못한다. 여기서 사람의 눈이 현미경적인 구조를 가지고 있다면 어떤 일이 일어날까? 엉뚱한 생각을 해본다. 정말 조물주는 우리 눈을 기막히게 잘 만들어놓은 것이다. 만일 눈앞의 먼지가 탁구공만 하고 손바닥의 세균들이 올챙이만 하게 보였다면 어쩔 뻔했을까. '적당히'란 이렇게 좋은 것인데 사람들은 작은 고민거리도 현미경으로 확대하여 들여다보곤 미주알고주알 따지며 산다.

어쨌거나 바이러스는 이렇듯 한정 없이 작은 것으로, 한가운데에 핵산을 가지고 있고 단백질로 둘러싸여 있으며, 종류에 따라서 크기나 형태가 다르고 외피에 돋아나 있는 갈고리 모양의 많은 돌기의 성질에 따라서 행동이 달라진다.

그리고 앞에서도 말했듯이 녀석들은 스스로 번식할 능력이 없어 반드시 숙주 생물에 기생하여 새로운 핵산과 단백질을 만들어 그 수를 늘려간다. 고등한 동식물은 물론이고 세균에도 침입하여 균을 죽이고 번식하는 놈이 있으니 그것이 박테리오파지(bacteriophage)다. 무적인 줄 알았던 세균을 잡아먹는 놈도 있으니 "담비가 작아도 범을 잡아먹는다."라고 자연계가 그렇게 평화롭지만은 않아보인다.

바이러스는 라틴어로 '끈적끈적한 액체', '독', '악취'라는 뜻으로 알고 보면 원래부터 좋은 의미가 아닌데, 사람에게도 감기는 물론이고 에이즈·천연두·소아마비·허피스 등의 병을 일으키는 고약한 놈이다.

옛날에 비루스라고 불렀으나 지금은 바이러스라고 더 많이 쓰듯이 옛날에는 알레르기는 알러지로, 링거액은 링겔액으로, 또 에너지는 에네르기로 불렀는데, 왜 용어의 발음이 바뀌어가는 것일까. 잘 보면 비루스는 독일어 발음이고 바이러스는 미국식 발음으로 여기에도 '삼투압(농도)'이 작용한 것이다. 즉, 옛날에는 독일 쪽의 과학수준이 높았으나 이제는 미국의 과학농도가 짙어서 점점 그쪽에서 확산되어간다는 것을 알 수가 있으니, 나트륨(Na)을 소듐(sodium)으로, 칼륨(K)을 포테이슘(potassium)으로 쓰듯이 그 예는 허다하다.

그건 그렇다 치고 앞에서 말한 천연두 바이러스는 그렇게도 많은 사람의 얼굴을 할퀴고 얽어놓고 곰보딱지까지 더덕더덕 남겨놓고는 이제는 지구에서 사라지려 한다. 마지막 것은 미국과 러시아 연구실의 병 속에 갇혀있다고 했는데, 어쩌면 이미 멸종시켜버렸는지도 모르겠다. 1999년 12월 31일에 이 바이러스를 멸균, 소각하기로 양국이 약속했기 때문이다.

이렇게 생물체는 지구에 태어났다가 사라지고 또 새로운 것이 태어나기를 반복하고 있으니, 그래서 변하지 않는 것은 없다고 한다. 그런데 이놈의 감기 바이러스는 끈질겨서 죽지 않고 오늘날까지도 뭇 사람을 괴롭히고 있다. 감기는 크게 두 가지로 나누어 콧물이 많이 나고 기침과 재채기가 심한 보통 감기와 머리와 목이 아프고 고열이 나는 유행성감기가 있는데 이렇게 감기 증세가 다른 것은 바이러스 종류가 다르기 때문이다. 감기 바이러스는 모두가 RNA바이러스로, 둘 다 코나 목의 점막 세포를 뚫고 들어가서 세포를 죽이고 사람을 얼빠지게 한다.

날고 긴다는 '사람'이 아직도 바이러스를 죽이는 약을 개발하지 못하여 감기에는 약이 없다. 곧 백약이 무효라, 어떤 약을 써도 궤멸시키지 못한다. 만일 바이러스를 죽이는 약이 있다면 에이즈도 벌써 퇴치했을 터인데. 누구나 평생에 3백 번은 걸려야 하는 감기라니 그것을 친구라 생각하고 약보다는 마냥 푹

쉬는 게 제일이다. 지독하게 짠돌이인 사람을 비유하여 "감기 고뿔도 남 안 준다."라는데, 필자가 어릴 때 감기를 '개좆대가리'라 한 것을 보면 감기가 옛날부터 사람을 귀찮게 했던 모양이다.

다시 힘주어 말하지만 감기는 주범이 바이러스라 약도 없다. 우리가 감기약이라고 먹는 것은 바이러스를 죽이는 게 아니고 다른 세균이 일으키는 2차 감염을 치료하는 것으로, 웬만하면 필자처럼 고집스럽게 약을 먹지 않고 1주일만 참고 넘기는 게 옳다. 섬뜩한 이야기로 들리겠지만 세상에 독이 아닌 약은 없다. 어느 약이나 간, 콩팥, 심장, 위장에 해를 끼친다는 것을 알아야 한다.

그리고 몸에 열이 좀 난다고 호들갑스럽게 해열제를 먹는 것도 삼가야 한다. 몸에 병원균이 침입하면 몸은 제가 알아서 열을 내어 열에 약한 병원균의 기(氣)를 죽이는 것이다. 그러므로 고열이 아니면 (고열은 뇌세포를 상하게 하기에 해열제를 써야 한다) 무던히 참는 것이 제일이다. 궁극적으로 병을 퇴치하는 것은 약이 아니고 내 몸의 자연치유능력이라는 믿음을 가져야 한다. 참고로 부작용이 제일 적어 '환상의 약'이라고 불리는 아스피린도 위벽을 상하게 하고 적혈구를 파괴한다고 하지 않는가. "약으로 병은 잡았는데 환자는 죽었더라."라는 말의 의미가 무엇인지 생각해봐야겠다.

콧물만 해도 그렇다. 유수불부(流水不腐)라고 흐르는 물이 썩지 않듯이, 콧물이란 바이러스나 세균을 씻어내는 지극히 자연스런 생리현상인데 그것을 약으로 틀어막아 좋을 게 하나도 없다. 평생 손님이요 친구인 바이러스가 몸에 들었는데 그 정도 고통쯤이야 참아야 하고, 또 병은 조수와 같은 것이라 언제나 누구에게나 들락날락하는 것이 아닌가. 약에 의존하는 사람은 절대로 건강하게 오래 살지 못한다. 그렇다고 감기를 우습게 보라는 말은 절대로 아니다. 특히 인플루엔자는 병약한 어린이나 노인의 생명을 앗아가고 사람들을 기진맥진 녹초로 만들기도 한다.

역사상 가장 심했던 1918년의 '스페인 독감'은 세계적으로 번져서 2천만 명이나 결딴을 냈다고 하는데, 뉴욕 인구의 1퍼센트가 죽었고 알래스카 지방은 50퍼센트가 넘는 사람이 희생되었다고 한다. 그때만 해도 약이 없어서 폐렴 등의 2차 감염으로 인한 희생이 컸던 것이다.

감기는 만병의 근원이라는 말도 있는데 건강한 사람은 문제가 되지 않으나 병약자나 노인, 어린이 들에게는 치명적일 수가 있다. 그런데 감기는 어른보다 어린아이들이 자주 걸리는데 병을 앓고 나면 꾀가 는다 하여 병을 앓을 때 나는 열을 '지혜열'이라고도 한다.

보통 감기는 공기로 옮는다고 믿기 십상인데 실은 반 정도는 손으로 감염된다. 어른보다 어린이들이 고뿔에 걸리는 횟수가 잦은 것도 감기 바이러스가 묻은 손으로 눈이나 코, 입을 자주 만져 그런 것으로, 바이러스는 눈과 코의 얇은 점막을 통해 쉽게 침투된다. 그래서 여러 사람이 있는 곳을 피하고 손을 비누로 자주 씻어주는 것이 제일의 감기 예방법이다.

한데 감기 바이러스는 돌연변이를 많이 일으켜서 작년 것과 금년 것이 다르니 예방접종이 어렵다. 감기 바이러스를 달걀에 접종시키고 키워 거기에서 항체를 얻고 그것을 모아 정제하여 사람에게 주사하는 것이 예방접종인데, 같은 형에만 그 항체가 반응하여 바이러스의 활동을 막아주는 것이라 신종 바이러스가 만연하면 그 항체는 무용지물이 된다.

그러나 학자들의 예견이 거의 맞아떨어져서 항체를 미리 만든다. 그래서 노인이나 아이들은 적기에 유행성감기 예방접종을 맞아두는 것이 좋다. 바이러스를 죽이지는 못해도 항체로 제압하게 된 것만도 과학의 은혜요, 크나큰 선물이라 하겠다.

1998년에 홍콩에서는 닭에게 감염되는 독감 바이러스가 종의 경계를 넘어 사람에게까지 들어가서 난리를 피운 사건이 있었다. 그곳에서 닭 6천8백여 마리가 호흡기나 소화관은 물론이고 뇌 혈관이 터져서 죽어나갔는데, 사람이 닭을 만지는 과정에서 바이러스가 옮겨 아이들 여러 명이 생명을 잃었던 재앙이었다.

그래서 홍콩의 닭을 모두 죽이는 소동이 벌어졌는데 알고 보니 1983년 미국에서 홍콩의 10배가 넘는 2천만 마리의 닭을 폐사시켜야 했던 것과 같은 종류의 바이러스였다고 한다. 그런데 이 바이러스는 사람은 물론이고 닭·오리·사슴·돼지에게도 감염된다고 하며, 1918년의 스페인 감기는 돼지에서 사람으로 바이러스가 옮은 것이라고 한다. 그러니 "장수하려거든 집에

동물을 키우지 말라."라는 옛말이 일리가 있는 것 같다. 바이러
스란 놈은 동물을 가리지 않고 옮겨다니니 말이다. 다른 곳에
서 상술하겠지만 에이즈 바이러스도 침팬지에서 사람으로 넘
어온 것이라 하지 않는가.

난 내 맘대로 큰다, 암세포

흔히 해를 미치는데도 퇴치가 곤란한 이를 '암적 존재'라고 하는데, 이들은 언제 어디서나 으레 생존하는 존재라 다 잡아 치우기가 어렵다. 사람의 몸에도 이런 것들이 생겨나서 멀쩡했던 사람도 놈들의 행패에 그만 무릎을 꿇고 만다.

전체 사망의 제1원인이 암에 있다고 하니 '암 공포증'에 걸리기 십상이다. 암을 영어로는 캔서(cancer)라고 하는데 그 어원은 여기저기 쑤셔 구멍을 잘 내는 게에서 찾을 수 있다. 암세포도 게처럼 한자리에 있지 않고 혈관이나 림프관을 타고 쏘다니니 이를 이행 또는 전이라 한다. 피부에 생긴 암세포가 어느새 허파에까지 가서 잇따라 허파조직을 뚫고 들어가 난리를 피우니 이 점이 암의 특징 중의 특징이고 그래서 암이 무서운 것이다. 암을 종양이라고도 하는데 실은 그게 그것이다.

실험실의 유리 접시에 갖은 성분이 다 든(조직액과 가능한 한 유사하게) 배양액을 넣고 세포를 조직배양해보면 정상세포는 바닥에 달라붙어 번식을 하는 데 반해 '미치광이' 암세포는 둥둥 떠다니며 자란다고 한다. 이런 성질이 있기에 체내에서도 한자리에 있지 않고 다른 곳으로 옮겨다니며 여러 곳에서 조직을 키우고 모세혈관을 새로 만든다. 이 '떠돌이' 세포는 잡초와 같아 세력도 크고 분열도 끊임없어서 커다란 덩어리가 되어 정상조직을 눌러 기능을 억제하니 종국에는 숙주가 죽는다.

정상세포는 일정 기간에 정해진 횟수만 분열하면 분열을 정지하거나 죽는데 암세포는 계속 분열해서 커다란 혹을 만들어낸다. 여기에서 암세포의 장수 원리를 보면 암세포는 정상세포가 못 갖는 텔로머라아제라는 효소를 가지고 있어서 염색체 끝 부위인 텔로미어의 DNA가 닳지 않아 영원히 산다고 한다. 그래서 이 효소를 잘 이용하면 늙음을 방지할 것이라 하여 관심을 쏟고 있기도 하다.

이처럼 암세포는 역마살이 끼어 돌아다니고, 게다가 늙지 않고 무한히 분열하는 불사조 같은 특징을 갖는다. 또 조직배양에서 보통 세포는 여러 번 분열하고 나면 기가 빠져 세포 늘리기를 멈추는 것이 원칙인데, 암세포는 할머니부터 손자의 손녀까지도 계속 아기를 낳아대는 꼴이다.

세포는 자체에서 생성하는 성장인자의 농도가 어느 한계에 놓일 때 분열하는데, 암세포들은 농도가 매우 옅은데도 세포 나누기를 한다. 또 보통세포는 조직배양을 해보면 납작하지만 이것들은 둥글며 또한 세포끼리 느슨하게 달라붙어 잘 떨어진다. 그래서 암조직은 잘 찢어진다. 게다가 암세포는 정상 것에 비해서 분화가 덜 된 '원시'세포라서 영양소도 완전히 분해하지 못하고 먹다 버리는 소비성이 강한 '기생'세포다.

그런데 암은 환경, 나이, 가계가 복합적으로 작용하여 생기는 것으로 본다. 환경에는 석면, 포르말린 등 수많은 화학물질과 물리적인 방사선 등이 발암물질로 작용하고, 늙으면 면역기능이 저하되어 발암률이 높아진다. 무엇보다 가계성이 문제가 되는데 이것은 태어나면서부터 발암 유전자를 가지고 있어 앞의 두 가지는 조심하면 예방이 가능하나 유전인자는 어쩔 도리가 없다. 부모말고도 친가의 윗대나 형제자매, 외가의 병력을 잘 분석해보고 관련 있는 기관(간, 위 등)에 관심을 갖는 것이 좋다. 그러나 너무 신경을 쓰면 암공포증에 걸리게 되므로 오히려 건강에 해롭다.

암은 일종의 '돌연변이세포'다. 즉 여러 가지 원인으로 정상세포의 핵 안에 들어있는 DNA의 염기에 이상이 생겨서 세포가 정상으로 행동하지 못해 '돌아버린 세포'로, 예방이 불가능하다. 암은 B형 간염처럼 바이러스가 일으키는 경우도 있어 엄청나게 원인이 복잡하다.

암 치료제로서 모세혈관의 생성을 억제하는 안지오스타틴(angiostatin)과 엔도스타틴(endostatin) 같은 '기적의 약'이 나왔다고 했을 때 병중에 있는 많은 사람과 그 가족들이 얼마나 희망과 기대에 부풀었겠나 싶다. 물에 빠진 사람은 지푸라기라도 잡는다고 한다. 그러나 그 약은 단지 쥐에게만 효과가 있었다. 결론부터 말하자면 쥐에 효과가 있는 약 가운데 사람에게도 맞는 경우가 20퍼센트를 넘지 못한다고 하니, 괜스레 들떠서는 안 되겠다. 그래서 "지금까지의 암 연구 역사는 알고 보면 쥐의 암 치료를 위한 역사였다."라고 비꼬는 말이 있을 정도다. 어느 약이나 효과가 사람과 쥐에서 다르고 또 인종간에도 다르다는 것이다.

'항암물질'이라는 것이 인삼, 버섯, 산나물 들에 들어있다고들 말하는데, 그것도 쥐나 세포의 조직배양에서 얻은 결과라서 인체 내에서도 그럴 것이라고 설명하기에는 다소 무리가 있다. 아마도 우리가 주식으로 하는 음식만큼 항암효과가 큰 것은 없으리라.

어떤 물질이나 다소 차이는 나지만 항암과 발암의 성질을 모두 겸비하고 있다. 암의 치료를 위해 자르고(수술) 태우고(방사선치료) 독약(항암제)을 쓰는데, 여기서 항암제가 바로 발암제라는 것을 우리는 잘 알고 있다. 즉 독으로 독을 제어하는 '이이제이(以夷制夷)'법인 것이다.

1960년대에 산모용 신경안정제로 탈리도미드(thalidomide)라는 약이 있었는데, 이 약이 태아의 혈관 형성을 막아 팔다리가 반토막인 아이들이 세계 곳곳에 태어났다. 어느 약이나 부작용이 있어 까탈을 부린다는 점을 곱씹어 생각해야 할 것이다.

에이즈는 아마도 인구 조절용

　사람은 사는 동안만이라도 무병했으면 하고 바라나 어디 그게 마음대로 되는가. 병을 집 찾아온 친구라 생각하고 지내야 하는데 조금만 탈이 나도 금세 호들갑을 떨어대니, 밴댕이 소갈머리가 아닌 사람이 드물다. 바늘 하나 꽂을 자리를 거부하는, 여유와 융통성이 결여된 사람들이 여기에 속한다. 병은 크게 보아 정신적인 것과 몸 자체가 약해져 병원균의 침입을 받아 생기는 것 두 가지로 나눌 수가 있다. 특히 전자의 경우는 병에 대한 자신감을 잃어 몸의 면역성이 떨어져서 병약해지는 것으로, 마음의 병이 병균의 활성(活性)을 부추긴 꼴이다. 이 말의 주된 의도는 병에 좀 미련스러워야 한다는 것을 강조하려는 것이나 필자처럼 너무 고집스러운 것도 좋지는 않다.

　그러나 단언컨대 건강할 때는 약에 의존해서는 절대로 안 된다. 사람이 늙어 몸이 낡아지면 면역성도 떨어져 이병 저병이 늘어난다. 그런데 남녀노소를 구분하지 않고 면역세포를 공격하는 바이러스가 있으니 이놈을 '사람을 면역결핍에 걸리게 하는 바이러스(Human Immunodeficiency Virus)'라 하여 약자로 HIV

라 쓰는데, 이것이 바로 후천성면역결핍증(에이즈)을 일으키는 주범이다. 에이즈를 일으키는 병원균이 HIV라는 것을 처음 확인한 것이 1981년이라는데 그때부터 지금까지 세계적으로 한국 인구에 버금가는 4천여 만 명이 이 바이러스에 감염되어 1천2백만 명이나 떼죽음을 당했다니 무섭고 두려운 병임에는 틀림이 없다. 한마디로 이 바이러스 때문에 난장판이 벌어지고 있는 것이다.

'지구의 역사는 병의 역사'라는 말이 있다. 가까이만 봐도 2차 세계 대전 후 장질부사(장티푸스), 콜레라 등으로 얼마나 많은 사람이 죽어나갔는가. 한센병(나병), 임질, 매독 같은 괴질을 항생제로 잡고 나니 이제는 새로 에이즈까지 생겨 한 해에 6백만 명이 걸리고 2백30만 명이 멀쩡하게 죽어나가니 과학의 무력함이 극치에 달한 셈이다. 그것도 90퍼센트 이상이 아프리카, 동남아, 인도, 중국 등 후진국에서 일어난다고 하니 '없는 자'들은 언제 어디서나 이래저래 죽을 맛이다.

어째서 이렇게 전염병이 그치지 않는 것일까. 분명한 것은 문제의 에이즈를 잡고 나면 또다시 신종 전염병이 탄생할 것이라는 점이다. 이런 병이나 천재지변이 일종의 인구 조절장치라는 주장에 필자도 일견 동조하는 것은 눈여겨보면 먹을 것이 적은데도 식구가 많은 곳에 그런 '재앙'이 꼭 생기기 때문이다. 전염병이라는 것이 일정 수 이상의 인구가 있을 때 생겨나며 몇 사람이 사는 산사는 병이 거의 없는 무균세계라는 것이다. 논밭에도 여러 가지 식물을 심으면 병이 적으나 벼나 배추, 무

같은 작물을 한 가지만 심을 때는 사람의 항생제에 해당하는 농약을 뿌려야 할 만큼 병이 잦은 것과 같은 경우다. 유행성감기가 사람이 많은 학교나 도시에서 만연하는 것도 눈여겨봐야 한다. 아무튼 우리나라도 에이즈 환자가 2천 명이 넘어섰을 것이라 하니 무척 우려된다.

이처럼 우리를 두려움에 떨게 하는 바이러스를 죽이는 약이 아직은 없고 앞으로도 개발하는 데 긴 시간이 걸릴 것이다. 다행히 유행성감기나 소아마비 바이러스는 면역백신을 만들어놨으나, 에이즈는 그것조차도 안 되고 있으니 과학자들은 더더욱 애가 탄다.

그러나 지금까지 11가지가 넘는 약이 개발되어 치료는 못하지만 바이러스 번식을 억제시켜 미국만 해도 사망률을 44퍼센트까지 떨어뜨렸다고 한다. 하지만 1년에 드는 약값만도 1만 달러가 넘는다고 하니 없는 나라 사람들에게는 말 그대로 언감생심일 뿐이다. '우환은 도둑놈'이라고 작은 병에도 걸리지 않는 것이 장땡이며, 무병의 첩경은 정신이나 물질에서 과욕을 부리지 않는 것이다. 당신의 혈관에 몇 방울의 정직, 무욕, 만족감만 흘러도 이런 괴질은 접근을 못할 것이다. 하나도 갖지 않을 때 모두를 갖는 것이라는 무소유에 심취하는 것도 한 방편이겠다.

에이즈는 보통 성관계나 HIV에 감염된 피를 수혈받을 때 걸리는데, 애처로운 일은 모체의 것이 태아나 유아에게로 옮겨간다는 것이다. 바이러스가 태반이나 젖을 통해 자식에게까지 옮겨 아이들이 부스스한 머리에 퀭한 눈으로 해죽 웃다가 죽게 된다니 세상에 이런 천벌이 어디 있단 말인가. 그 끈질기고 지고지순한 모정도 이 바이러스를 막지 못한다니 말이다.

HIV는 껍데기는 단백질이고 안에는 핵산RNA가 들어있는 RNA 바이러스다. 스스로 번식하는 능력도 제대로 갖추지 못한 이 녀석이 사람의 명을 앗아가다니 지독하다. 혹자는 세균보다 하등하기에 생물로 취급하지 않으나 산 세포에 들어가서 숙주 세포의 양분을 써서 번식하기에 일반적으로 생물에 넣는다. 한데 이 바이러스는 어린이에게 더 공격적이라 후진국 아이들의 씨가 마르고 있다.

사람의 면역에 관여하는 림프구(림프구도 백혈구 일종)에는 T세포와 B세포가 있다. T림프구는 바이러스를 직접 파괴하는 세포성 면역, B림프구는 항체를 만드는 항체성 면역을 담당하는데 에이즈 바이러스는 T세포를 물고 늘어져서 죽인다(자기복제를 한다). T세포에도 CD4(helper cell)와 CD8(killer cell) 세포가 있는데 에이즈 바이러스는 유독 CD4를 공격한다.

좀 어렵겠지만 어떻게 HIV가 CD4세포를 공격하는가를 보도록 하자. ① HIV가 CD4의 세포막에 붙어서 세포막과 융합하여 그 안의 세포질에 효소와 RNA(보통은 외줄이나 2줄 상태)를 집어넣는다. ② 효소의 한 종은 RNA를 2중 구조인 DNA로 만든다(보통은 DNA가 RNA를 만든다). ③ 두 번째 효소는 숙주세포(T세포)의 염색체(DNA)에 ②에서 만든 DNA를 잘라 끼워넣는다. ④ 숙주세포가 활성화되어 분열이 촉진되고, 이 때문에 바이러스가 만들어질 유전자(DNA)와 단백질이 많이 합성된다. ⑤ 세 번째 효소는 새 단백질을 토막 내어 RNA를 둘러싸서 다시 많은 바이러스를 만들어서 숙주의 세포막에서 떨어져나가 또 다른 T세포를 감염시킨다(숙주세포는 죽고 만다).

과정이 어렵긴 하지만 이렇게 복잡한 과정을 거쳐 면역세포인 T세포를 죽여대니 결국 환자는 면역성을 잃어서 폐렴이나 다른 병에 걸려 손도 못 써보고 죽고 만다. 다른 동물에만 기생하던 병원균이 사람에게 옮은 대표적인 병이 에이즈인데, 사람에 따라서는 감염 불가인 사람이 있는가 하면 감염이 되어도 발병을 하지 않기도 한다니 HIV에 대한 반응이 사람 얼굴만큼이나 천차만별이다. 걸려서 1년 후에 죽는가 하면 20년간이나 끄떡없는 경우도 있다고 한다.

또 어떤 새로운 병이 생겨나서 인간들을 괴롭힐지 두고 볼 일이다. 그리고 앞에서 바이러스의 감염과정을 복잡하게 기술해본 것은 인체의 대사기능이 간단치 않다는 것을 이야기하고 싶었던 것인데, 실제로 세포 하나에서 일어나는 물질반응이 지금까지 밝혀진 것만도 5백 단계가 넘는다고 하니 오늘도 별 탈 없이 살고 있는 것은 기적에 가까운 일이다. 그 많은 세포반응 단계 가운데 하나만 잘못되어도 세포는 죽는 것이니 말이다.

비오나니, 비오나니 제발 천벌의 회초리인 에이즈를 가난한 사람들에게서 거두어주소서. 없는 것도 서럽나이다. 죽을 자리에 살 운수도 있다고 하더이다.

철통 같은 방어진 구축한 인체

삶이란 투쟁이다. 생물의 세계를 잘 들여다보면 처절한 생존의 장에서 살아남기 위한 자기 방어장치를 가지고 있다. 바이러스와 세균은 물론 동식물 모두가 복잡한 방어체계를 구축하고 있다. 여기서는 우리 몸의 방어 시스템이 얼마나 튼튼한지에 대해 알아보도록 하자.

눈물, 콧물, 침 같은 점액은 우리 몸에 침입한 병원균을 퇴치하는 중요한 역할을 한다. 이것들 속에 있는 뮤신이라는 점액 단백질은 세균을 무력화시키고, 라이소자임이라는 효소는 세균을 분해시켜 죽여버리니, 몸에서 분비하는 여러 점액들이 단순한 소금물은 아니라는 얘기다. 그래서 필자는 아직도 벌레에 물리거나 가려우면 무식하게(?) '천연 물파스'요, '자연 연고'인 침을 바른다.

침에도 끄떡없는 병원균(바이러스, 세균, 곰팡이, 원생생물)은 위의 염산이 태워서 죽인다. 위산은 pH가 2에 가까운 강산이라 여간한 것들은 단방에 박살난다. 그런데 산에 무척이나 강하여 위를 무사히 지나온 것들도 있는데, 이놈들은 알칼리성인 창자액을 통과하면서 죽는다. 그러나 콜레라균이나 이질균은 지독한 놈들이라 살아남는데 이것들이 체내의 다른 세균을 누르고 창궐하는 경우에는 전신에 비상이 걸린다.

'전신 비상' 상태인 면역 이야기는 나중에 하기로 하고, 코를 통해 허파로 들어간 먼지, 세균, 꽃가루 등이 어떻게 처리되는지 살펴보자. 콧구멍에는 점액이 묻은 털이 숭숭 나 있어서 먼지나 세균을 달라붙게 한다. 먼지, 세균, 꽃가루 들은 비강 점막에도 달라붙는다. 비강 밑에 있는 기관이나 기관지에서도 점액을 분비하는데, 기관이나 기관지에는 수많은 섬모가 있어서 세균 묻은 점액을 섬모운동으로 모아 위로 쓸어 올린다. 그것이 모인 것이 가래다.

허파의 폐포에는 두 종류의 백혈구가 이물을 처리한다. 한 종류(TH_1)는 바이러스와 세균 등을 직접 공격해 죽이고, 다른 하나(TH_2)는 해가 적은 먼지나 꽃가루, 비듬 같은 것에 대항해 일종의 면역반응인 알레르기반응을 일으킨다. 이물이 들어오면 TH_2세포가 비대세포나 호염기성 백혈구에 신호를 보내 자신의 세포를 터뜨리게 하고 그 안에 많이 들어있던 히스타민이나 류코트리엔(leukotriene)이 분비되면서 혈관이 확장되어 염증을 예방하게 된다. 이때 기관이 수축되면서 혈관에서 조직으로 혈장이 스며나오므로 기침, 재채기가 나고 콧물이 나오는 것이다. 이것은 일종의 알레르기 반응으로, 흔히 꽃가루나 진드기에서 이런 반응이 일어난다.

이번에는 몸에 상처가 났을 때나 병원균이 들어왔을 때 어떤 반응이 일어나는지를 보자.

세포가 상처를 받으면 앞에서 설명한 것처럼 비대세포나 백혈구가 자폭하면서 히스타민, 키닌, 류코트리엔 등을 분비하기 때문에 모세혈관이 확대되고 상처 부위에서 피가 증가하여 상처 부위 색이 붉어지면서 온도가 올라가는데, 벌이나 모기에 쏘였거나 물렸을 때도 같은 현상이 벌어진다. 상처 부위가 붉어지는 것은 피가 빨리 돌기 때문이다. 이것은 백혈구의 일종인 식세포(食細胞)와 영양물질, 항체 등을 재빠르게 공급하여 다친 부위를 빨리 낫게 하려는 것이다.

또한 온도가 올라가서 열이 나는 것은 백혈구 일종인 대식세포가 인터류킨(interlukin)이라는 물질을 분비해 이것이 온도조절 중추인 시상하부의 온도조절기를 자극했기 때문이다. 열이 오르면 세균이나 바이러스가 약해지고 철의 양이 감소하는데, 철의 공급을 차단하는 것은 많은 병원균이 철을 필요로 하기 때문이다. 미열 정도는 해열제를 먹지 않고 참는 것이 좋고, 벌레에 물렸을 때도 무조건 히스타민을 무력화시키는 항히스타민제 연고를 바르는 것은 그다지 좋은 방법이 아니다. 내 몸이 알아서 자가치유를 하니 믿으라는 얘기다. 목욕을 삼가라, 해열제도 먹지 말라, 연고도 바르지 말라는 반의학적이고 반문명적인 이야기가 제법 일리가 있음을 알 수 있다.

상처 부위는 히스타민 등의 물질 때문에 피 속의 혈장이 조직으로 스며나오므로 아프고 가려우며 부어오른다. 이 또한 항체가 감염 부위에 쉽게 공급될 수 있도록 돕는 자연적인 방어

수단이다.

상처가 나면 항체보다도 제일 먼저 알고 달려오는 것이 식세포다. 보통 식세포는 세균 20마리 정도를 잡아먹고 수명을 마치지만 덩치가 큰 대식세포는 1백 개까지 먹어서 녹인다. 이들 세포는 아메바처럼 기어가 병균을 덮쳐 잡아먹는데, 이를 식균 작용이라 한다. 이들은 가수분해효소를 갖는 리소좀이 결합한 식포를 가지고 있어 세균을 삼킨 다음 식포를 터뜨려 병균을 가수분해한다. 그런데 결핵균 같은 것은 세포벽이 워낙 튼튼해 식세포의 효소로도 녹이지 못해 항생제를 써야만 한다.

다음은 생체 방어 수단의 마지막 단계인 면역반응을 보자. 영어로 면역을 이뮤니티(immunity)라고 하는데, 여기서 이뮨 (immune)이란 라틴어로 '안전'이란 뜻이니 항체는 분명히 몸의 안전판 역할을 하는 셈이다. 이것이 무너지면 몸은 거덜나서 생명을 잃는다. 면역은 세포성 면역과 항체성 면역 두 가지로 나눌 수 있다. 전자는 흉선(가슴샘)에서 만들어지는 T세포가 관여하는 것으로, 직접 항체를 만들지 않고 병원균이 침입하면 저장되어있던 림프샘을 떠나 감염조직으로 달려가서 감염세포 (병원균)의 표면과 결합해 세포를 파괴한다. 그래서 킬러세포 (killer cell)라고 한다.

항체성 면역은 지라에서 만들어지는 B세포가 담당하는데, T 세포를 돕는다고 보아 헬퍼세포(helper cell)라 한다. B세포는 이 종(異種) 단백질인 항원과 만나면 활성화되어 표면에 항체가 생긴다. 항체를 갖는 세포가 많이 분열되어 B세포에서 떨어져

나가면 이들이 항원인 병원균을 무력화시키거나 파괴하며 식
세포를 유인해 죽이는데, 없던 새로운 항체가 만들어지는 데는
며칠이 걸린다.

　T, B세포는 일종의 백혈구로 이 두 면역세포를 공격하는 대
표적인 것이 HIV, 즉 사람의 면역을 무너뜨리는 에이즈 바이러
스다. 아직도 HIV에 대한 백신도 만들지 못하고 있으며, 마지
막 방어체계가 무너져서 속수무책상태에서 지금까지 4천만 명
정도가 죽었다고 하니 T, B세포가 생체를 얼마나 긴요하게 방
어하는가를 알 수 있다. 아무튼 T세포는 항원에 따라 수백만
가지가 있고, B세포는 서로 다른 특징을 갖는 1조 개가 넘는 세
포를 가지고 있다. 우리 몸이 얼마나 많은 병원균에 대비하고
있는가를 짐작케 한다.

　B세포 일부는 기억세포로 바뀌어서 똑같은 병원균이 재침입
하면 단방에 그것을 알아내 강하게 반응한다. 이 성질을 이용
한 것이 백신인데, 한 번 생성되면 평생 기억하는 홍역 같은 영
구면역이 있는가 하면 몇 달밖에 가지 못하는 유행성감기 같은
일시적 면역도 있다. 다시 말하면 기억세포는 계속 항체를 만
드는데, 항원 종류에 따라 작용하는 기간이 다르다는 것이다. T
세포는 병원균 외에 조직 이식을 했을 때 이식된 세포를 공격
하는데, 이것이 이식거부반응이다.

　여기까지 우리 몸이 자기를 어떻게 방어하는지 큰 줄기만 나
열해보았다. 이것은 알려진 것 중에서도 일부에 불과하다. 다른
생물체도 마찬가지겠지만 사람은 생존하기 위해서 엄청나게

다양한 방어장치를 갖고 있다. 한마디로 어지간한 병원균은 우리 몸에 들어와도 겹겹이 쳐있는 방어그물에 주눅이 들어 옴짝달싹 못하니, 내 몸의 자연치유능력을 믿고 약을 남용하는 일이 없었으면 한다. 약은 몸이라는 생체계를 훼방놓고 간섭하는 물질로, 특히 항생제에 대한 저항세균이 자꾸만 생겨나 학자들의 걱정이 태산 같다.

양분과 산소를 공급하는 제2의 피

여드름은 누가 뭐래도 혈기 왕성하고 젊을 때 생기는 것이니 그것이 솟아날 때가 좋은 시절이 아니겠는가. 필자처럼 노생(老生)이 되면 성호르몬이 줄고 살갗의 기름기가 다 빠져버려 그것조차 구경하기 어렵게 되고 만다. 그래서 여드름을 '청춘의 심벌'이라 하는데 더덕더덕 붙은 꼴이 추하다고 해서 '판자촌'에 비유하기도 한다.

덜 익은(?) 여드름을 짜면 진물이 흘러나오고, 또 안 하던 일을 하고 나면 손바닥에 물집이 생기며, 어쩌다 화상을 입으면 그 자리가 풍선처럼 부풀고, 짓무른 헌 데를 긁으면 액이 흘러나온다. 도대체 이 누르스름한 액체는 무엇이며, 어떤 일을 하는 것일까?

미리 말하면 그 체액은 '림프액'이라는 것으로 그 속에는 림프톨(구)이 들어있는데 이것이 병원균을 죽이기도 하고 균을 씻어내기도 한다. 입으로 들어온 병원균은 위에서 강한 염산으로 태워 죽이지만 상처 난 피부로 들어오는 것들은 제일 먼저 백혈구(중성 백혈구)가 달려가서 균을 잡아먹는다. 하지만 그곳을 도망쳐 나온 놈들은 림프톨이 책임지고 처치한다. 그런데 이 백혈구나 림프구의 1, 2차 방어선이 무너지면 마지막으로 항체가 나서서 그놈들을 무력화시키는데, 항체는 경우에 따라서는 붙들고 늘어져 자폭까지 한다.

알고 보면 우리 몸의 방어기능이 그리 간단치는 않은 것이다. 여기서는 림프(임파)를 중심으로 보도록 하겠는데, 누구나 몸에 심한 염증이 생기면 목·겨드랑이·사타구니 등에 작은 혹이 생기는 것을 경험한다. 특히 불두덩이 옆 살이 켕기고 아픈 멍울이 생기면 그것을 가래톳이라 하는데, 바로 임파선(림프샘)이 병원균의 침입을 받아 부푼 것이다. 또한 목구멍 근방의 편도선도 림프샘으로, 편도선염에 걸리면 목이 붓고 아픈 것은 바로 이것이 부어올랐기 때문이다. 어쨌든 림프구를 만드는 본부인 림프샘까지 공격을 받았다는 것이니 상당히 심각한 지경에 이르렀다고 봐야 한다.

림프계를 '제2의 순환계'라고 하는데, 이것은 제1순환계인 심장과 혈관계에 비유한 것이다. 심장에서 흘러나온 피는 전신의 모세혈관에서 혈압을 받아 세포조직 사이에 밀려 들어가서(혈장) 림프관으로 옮겨가는데 이것을 조직액이라 한다. 바로 이것이 림프액인 것이다.

적혈구나 고분자 단백질은 모세혈관을 통과하지 못하나 림프액에는 피의 나머지 물질인 혈당, 포도당, 아미노산, 지방산 등이 들어있어서 피가 다 못하는 몸의 끝, 구석구석까지 양분과 산소를 공급하니, 피가 아버지라면 림프는 어머니로서 자질

구레한 일을 도맡는다. 전신에 거미줄처럼 퍼져있는 림프관들이 모여 큰 관인 림프총관이 되는데, 림프총관에 모인 림프액은 대정맥과 합쳐져서 심장으로 들어간다. 혈액이 림프액이 되고 다시 혈액이 되기를 반복하고 있는 것이다. 결과적으로 림프액은 혈액을 대신하여 다친 곳, 덴 곳에까지 양분이나 산소를 공급하는데 이것은 림프샘에서 만든 림프톨이 가서 백혈구 대역을 하는 것이다.

그런데 목, 겨드랑이, 사타구니 등에 림프샘이 있지만 이와 관련하여 우리 몸에서 가장 크고 활발한 기능을 하는 곳이 지라다. 암적색을 띠는 지라는 위 뒤에 있는 1백50 그램 정도의 둥그스름한 기관으로, 태아 때는 이곳에서 적혈구나 백혈구를 만들지만 태어난 후에는 적혈구를 파괴하는 임무를 맡는다. 하지만 그보다도 더 중요한 지라의 기능은 림프톨을 만드는 것과 평소에 피를 많이 저장해놓았다가 피가 급하게 필요하면 보충해주는 것이다.

지라말고도 림프톨을 만드는 림프기관에는 가슴샘이 있는데, 여기에서 만들어지는 림프톨이 면역체 형성에 큰 몫을 한다. T림프톨과 B림프톨은 그 균을 잡아 소화시켜 죽여버리는 일말고도 병원균이라는 항원이 들어오면 그것에 맞는 항체를 만든다. T세포는 항원(병원균)을 직접 파괴하지만, B세포는 항원에 따라 1백만 가지도 넘는 고유한 항체를 만들어뒀다가 들어왔던 놈이 다시 침입해 들어오면 그 항체로 병원균을 녹여버리거나 맥을 못 추게 한다.

이처럼 림프액은 양분과 산소를, 림프톨은 면역을 맡아 우리가 건강하게 살도록 해주는 것인데, 애석하게도 독종 에이즈 바이러스는 이 T, B세포 모두를 공격하여 파괴해버린다. 그리하여 환자는 면역성을 점차 잃어 다른 여러 병원균의 침입에 속수무책으로 당하게 되니, 마지막 보루까지 침공당하게 되는 셈이다.

그리고 누구나 하루 일과를 끝낼 무렵이면 몸이 천근같이 무겁고 아랫도리, 특히 발과 다리가 부어올라 신발이 뻑뻑함을 느낀다. 바로 림프액이 아래로 몰려서 그런 것인데, 림프관은 스스로 수축이나 이완을 하지 못하고 주변 근육의 힘을 빌려 림프액을 밀어올려야 하니 가끔 적당한 다리운동을 해주는 게 좋다. 물론 누워서 다리를 위로 올린다거나 가볍게 목욕하는 것도 림프 흐름을 빠르게 한다.

피말고도 림프라는 '제2의 피'에 대해 이야기했는데 한마디로 우리 몸의 가슴샘, 지라, 편도선, 막창자꼬리(충수)는 또 다른 '제2의 림프계'로, 이것들은 매우 중요한 면역에 관여하는 림프톨을 만든다고 하니 충수나 편도선을 쓸데없는 것이라고 잘라버리는 일은 하지 말아야 한다. 한때는 무지한 서양 의사들이 쥐뿔도 모르고 그것 자르기를 밥 먹듯 한 적도 있었다. 어째서 불필요한 것이 우리 몸에 붙어있겠는가 말이다.

인체를 일정하게 유지시켜주는 호르몬

호르몬 하면 아직도 생각나는 일이 있으니 고등학교 생물시간에 내분비물질을 다룰 때다. '호르몬' 소리만 나와도 괜스레 얼굴이 붉어지고 때로는 친구들과 얼굴을 맞대고 킥킥 웃기까지 했었다. 성에 대해 예민한 때인지라 호르몬 하면 정액을 연상했던 것이나, 알고 보면 그것은 호르몬이 아니고 외분비물질인데도 그때는 그랬다. 사실 호르몬은 피를 타고 전신을 흐르는 것이라 체외로 나온 정액, 침, 눈물, 콧물, 땀, 젖, 소화액은 호르몬이 아니다.

호르몬(hormone)은 '전달한다, 흥분시킨다, 공격한다'는 등의 뜻을 가지고 있는데, 식물에는 성장호르몬, 개화호르몬 등이 있고, 새우나 게 같은 갑각류나 곤충 무리는 탈피호르몬, 생장호르몬, 변태호르몬이 있으며, 특히 나방이 분비하는 호르몬의 일종인 페로몬은 서로 의사소통하는 역할도 한다.

우리 몸에서 만들어지는 호르몬은 서른 가지나 되며, 아주 미량으로 언제나 피를 타고 돈다. 호르몬의 주성분은 크게 두 가지인데, 대부분이 어떤 정해진 아미노산이 결합되어 만들어진 단백질성이고, 다른 것은 지질성(주로 지방산이나 스테로이드에서 유래한다)으로 부신피질호르몬, 정소·난소·태반호르몬 등이 이에 속한다.

여기서 지방산이라 함은 주로 콜레스테롤을 말하는데 이는 세포막의 주성분이요, 성호르몬의 얼개가 된다. 그리고 옥시토신이나 항이뇨호르몬은 9개의 아미노산이, 인슐린은 84개의 아미노산이 모여 된 것으로, 아미노산 덩어리인 단백질 공급 또한 중요한 것이다.

어쨌든 이 많은 종류의 호르몬 중에서 어떤 하나만 많거나 적으면 곧바로 몸이 항상성을 잃어 병이 생긴다. 즉 우리의 생명을 호르몬들이 담보하고 있다 해도 과언이 아니다.

이러한 여러 호르몬이 어떻게 우리 몸에서 그 기능을 발휘하는가를 간단히 살펴보도록 하자. 첫째로, 단백질성인 호르몬은 표적 세포막의 수용체에 달라붙어 세포 안(유전자)에서 유전자 발현반응이 일어나게 한다. 둘째로, 지질성 호르몬은 호르몬기관에서 만들어져서 피를 타고 표적세포에 도달하여 세포막을 뚫고 들어가 세포질을 지나 세포의 핵 안으로까지 들어간다. 핵에 들어있는 특수 유전자를 활성화시켜서 결국은 그 유전자가 관여하는 단백질을 만들어 반응을 일으키게 된다.

호르몬의 기능을 제대로 이해하기 위해 대표적인 예로 성장호르몬을 들어보자. 성장호르몬은 뇌하수체 전엽(前葉)에서 만들어져 피에 섞여 뼈나 근육세포에 도달한다. 그곳에 도달한 단백질성인 이 호르몬이 세포막의 수용체에 달라붙으면 세포는 이 호르몬의 자극을 받아 밖에 있는 아미노산을 보통 때보다 훨씬 많이 흡수하고, 따라서 단백질합성이 늘어나 세포분열이 활성화되어서 성장(생장)이 빨라지게 된다.

그런데 이 호르몬은 많아도 탈이요 적어도 탈이라, 너무 많으면 단백질합성이 과하여 키가 너무 커버리는 거인증에 걸리고 또 부족하면 세포분열이 덜 일어나서 난쟁이가 되어버린다. 호르몬이 얼마나 무서운 물질인가를 반증하는 대목이라 하겠다.

또 하나의 예로 이자의 랑게르한스섬(islets of Langerhans)에서 분비하는 인슐린과 글루카곤이라는 호르몬의 기능을 알아보자. 랑게르한스섬의 70퍼센트를 차지하는 베타(β)세포에서는 인슐린이 만들어지고 나머지의 알파(α)세포에서는 글루카곤이 합성되는데, 이 두 가지는 서로 반대되는 작업으로 포도당 대사를 조절하고 있다.

인슐린은 간이나 근육, 지방, 골격 세포막에 달라붙고 세포는 인슐린의 자극을 받아서 세포 밖인 피 속의 포도당(혈당)을 재빠르게 흡수한다. 이런 현상은 한마디로 세포의 투과성이 바뀌어져서 일어난다. 물론 이런 반응은 밥을 먹은 후 혈당이 증가했을 때 일어나는데, 혈당이 줄어들면 반대로 글루카곤이 많이 분비되어 포도당을 만들어서 혈당을 높이니 이렇게 하여 항상성이 유지된다.

혈당이 많으면 그것이 자극이 되어서 인슐린이 분비되고 또 줄어들면 적다는 것이 자극이 되어 글루카곤이 분비되는 것을 되먹이현상이라 하는데, 올라갔다 내려갔다 하는 이런 시소현상이 살아있는 동안에 끊임없이 일어난다.

하기야 이런 복잡한 일이 내 몸에서 일어나고 있는 것을 모르고 사는 것이 더 행복한 일인지도 모른다. 랑게르한스섬이 고장나서 인슐린 분비가 안 되어 매일 아침 소, 돼지의 것을 얻어와 인슐린 주사를 맞는 사람이 얼마나 되는지를 생각해보면 더욱 그렇다.

지고지순한 모정 속에 감춰진 비밀

　심장은 계속 뛰면서 피를 앞의 모든 세포에 보내고 또 되가져오는데, 그 피 속에는 양분과 산소가 녹아있다는 것을 여러분은 잘 알 것이다. 결국 창자에서 소화된 포도당, 아미노산, 지방산과 같은 양분은 허파의 호흡으로 들어온 산소와 같이 피에 녹아 세포의 미토콘드리아에 도착하여 산화된다. 미토콘드리아는 그것들의 종착역으로 거기에서 산소가 양분을 산화시켜 열과 에너지(에너지는 ATP라는 물질에 저장된다)를 내니, 우리 몸이 항상 36.5도로 유지되고 또 힘을 내게 하는 곳이다. 영양분이 자동차에 넣는 기름이라면, 미토콘드리아는 엔진에 비유가 된다.

　미토콘드리아는 기능이 활발한 조직에 많고 미토콘드리아의 산화 덕에 우리는 추운 겨울에도 얼어 죽지 않고 견디며 살아가는 것이다. 걷고, 글을 쓰고, 밥을 먹고, 숨을 쉬는 데 쓰이는 모든 열과 힘이 미토콘드리아 공장에서 나온 것이다.

　그런데 이처럼 긴요한 세포소기관인 미토콘드리아는 모계성 유전을 한다. 즉 여러분의 세포에 들어있는 미토콘드리아는 모두 어머니에서 받았다는 것이다. 이것을 설명하기 위해서는 어머니의 난자와 아버지의 정자가 수정하던 때로 거슬러 올라가야 하는데, 난자의 가운데에 난핵(유전물질이 들어있다)이 있고 미토콘드리아를 포함하는 세포질로 둘러싸여 있지만, 정자는 세포질은 다 없어지고 오직 유전물질로 채워진 정핵만 있다. 그래서 수정할 때 아버지는 핵물질인 이 정핵만 공급하게 된다.

호흡을 통해 들어간 산소와 먹은 양분을 산화시켜 열과 에너지를 내는 미토콘드리아가 모계성인 것은 물론이고, 수정란이 3.4킬로그램의 아이로 자랄 때까지의 모든 영양분도 어머니에게서 받는다. 그래서 어머니 사랑을 지고지순하다고 한 것일까.

우리의 살과 피는 모두 어머니에게서 받은 것이다. 젖 먹이고 밥 먹이고 기저귀 갈아가며 키워주신 어머니의 고마움을 어찌하여 자식들은 그렇게 쉽게 잊어버리는가.

이렇게 어머니에게서 받은 미토콘드리아에서 나오는 힘이 다른 말로 에너지인데, 이것의 또 다른 말은 ATP라는 것(물질)이다. ATP는, 아데닌 염기에 리보스라는 당이 붙어 아데노신이라는 물질이 되고 거기에 무기인산 3개가 더 붙은 핵산과 유사한 물질이다. ATP는 에너지가 저장되어있어서 ATP는 세포가 분열되고 커가는 등 모든 활동에 힘을 공급한다. 눈을 한 번 깜박이거나 숨을 쉬는 데에도 물론 이 ATP가 쓰인다.

ATP는 활성화된 상태로 만들어져 세포에 저장이 되지 않아 그때그때 필요할 때 만들어 쓴다. 우리가 먹은 음식물이 소화되어 1백조 개의 세포 각각에 들어가 미토콘드리아에서 산화되어 열과 ATP, 이산화탄소, 물로 나오게 되는데 결국 ATP는 음식에너지가 전환되어 만들어진다. 그리고 이 음식에너지 뿌리는 태양에너지다. 우리가 먹는 음식이 식물의 엽록체에서 태양에너지를 화학에너지로 전환하여 저장한 것이고 보면, 우리는 음식이 아니라 태양을 먹고 있는 것이다.

눈에 보이지도 않는 세포 속에서는 지금까지 알려진 것만도 5백여 가지의 반응이 일어나고 있다. 즉 1만여 종의 단백질이 만들어지는 것말고도 5백여 가지의 물질이 만들어지고 한 물질에서 다른 물질로 바뀌는 데는 반응마다 효소와 ATP가 쓰인다고 하니, 세포를 '몸의 구성단위' 정도로만 보아서는 안 된다. 그리고 세포 하나에는 평균 잡아 10억 분자의 ATP가 있어서 에너지 공급에 중요한 임무를 한다. 그렇다면 도대체 1백조 개의 세포에 있는 ATP는 모두 몇 분자나 된다는 것일까. 그래서 세포에 '우주성'이 내포되어있다고 하는 게 아니겠는가.

그런데 ATP는 3개의 무기인산 중에서 끝에 붙어있는 인산 하나가 떨어졌다 붙었다 한다. 인산 하나가 떨어지면서 에너지를 내고 ADP가 되는데, 이때는 물이 들어가는 가수분해가 일어나고, 반대로 ADP는 음식에서 방출된 에너지를 받아서 다시 ATP가 되는데, 여기에는 효소가 있어야 한다. 그것이 ATP합성효소로, 이것의 구조와 기능을 밝힌 연구자가 몇 년 전에 노벨 화학상을 받았다.

한 사람이 하루에 사용하는 ATP를 무게로 환산하면 무려 체중의 반 이상인 40킬로그램이다. 이렇게 이야기하면 하루에 체중이 반이나 준다고 생각하겠으나 그렇지 않아서 거의 체중 변화는 없다. 왜냐하면 곧 다시 ADP가 에너지를 받아 ATP로 바뀌기 때문이다.

우리가 먹은 음식물을 산화시켜 모두 열로 바꾸지 않고 근 40퍼센트는 ATP라는 물질에 에너지로 저장하는 것은 생물의 특유한 물리화학적인 현상이다. 우리는 지금도 이 ATP라는 물질의 신세를 지고 있으며 이것이 '삶의 샘'이다. 힘이 빠진다는 말은 곧 ATP를 충분히 만들지 못한다는 것이니, 밥을 먹고 고기를 씹는 근본 목적이 이 ATP를 만들기 위함이다. 생활용어에서 ATP라는 어휘를 상용화해보는 것도 좋지 않을까 싶다. "배가 고프다."라거나 "호주머니가 비었다."라는 말 대신 "ATP가 부족하다."라고 말이다.

'세포는 우주'라고 할 만큼 서로 복잡하게 얽혀있어서 전공을 하는 우리도 생소하고 잘 모르는 구석이 많다. 그래도 내 한 몸이 이 세포로 구성되어있고 그들 덕분에 살고 있다고 볼 때, 그 안에 어떤 세포소기관이 어떻게 물질대사를 하고 있는가를 알아볼 필요가 있다.

여기서는 식물만이 갖는 세포소기관인 엽록체를 보겠는데, 먼저 알아야 할 것은 식물, 즉 엽록체가 없었다면 지구에는 사람을 비롯한 동물이 존재하지 못했을 것이라는 점이다. 쌀이나 밀, 콩, 과일 어느 하나도 식물세포 속에 들어있는 엽록체가 햇빛을 화학에너지(녹말, 지방, 단백질이라는 물질에 저장된다)로 전환시키지 않은 것이 없기 때문이다. 한마디로 엽록체에서 광합성이 일어난다는 말인데, 이 엽록체는 원반 모양이고 보통 두께가 2.5마이크로미터, 길이는 5마이크로미터며, 옥수수 잎 세포 하나에 20~40개가 들어있어서 이것이 많은 세포일수록 진한 녹색을 띤다. 여기서 녹색식물은 왜 녹색이냐는 의문이 생기는데, 엽록체 안에는 수많은 엽록소가 들어있는데, 이 색소들이 가시광선에서 다른 파장은 흡수하나 녹색파장만 반사해버리기에 우리 눈에 풀잎이 녹색으로 보인다.

다른 곳에서 상술했지만, 세포도 계속 진화해왔는데 무량영겁(無量永劫)의 세월인 35억 년 전에 처음 생긴 생물세포는 무기호흡을 하는 핵막 없는 무핵세포였으며, 세포들이 분화(진화)해가면서 무기호흡을 하는 핵막 있는 진핵세포가 생겨났고, 더 오랜 세월을 거치면서 이들 사이에 먹고 먹힘이 일어났다고 본다. 즉 무기호흡을 하던 진핵세포가 유기호흡을 하게 된 세균을 집어삼켜 미토콘드리아가 되고, 광합성을 하는 세균인 시아노박테리아를 집어넣어서 엽록체가 된 것이다. 여기서 동물세포는 미토콘드리아만 가지나 녹색식물은 엽록체와 미토콘드리아 모두를 갖게 되었다.

어쨌거나 세포가 진화했다는 증거의 하나는 미토콘드리아와 엽록체가 DNA, RNA, 리보솜을 다 가지고 있어서 세균이 두 개로 나뉘듯이 부피가 두 배로 늘어난 다음 나뉘는 자기증식을 하는 것은 물론이고, 세포분열과는 상관없이 미토콘드리아와 엽록체에 들어있는 리보솜 구조, DNA 염기쌍, DNA 크기도 이 세균의 것과 아주 유사하다는 것이 증명되고 있다. 내 몸의 미토콘드리아가 호기성 세균에서 왔다니 우습기도 하지만 믿거나 말거나……. 그런데 미토콘드리아도 '용불용의 원리'를 따라 운동하면 그 수가 10배로까지 증가한다니, 먹고 뛰고 달리기를 게을리하지 말 일이다. 개구리 알 하나에는 1백만 개의 미토콘드리아가 들어있으며, 생물에 따라 조직이나 기관에 따라 그 수가 다 다르다.

동물만 염색체가 있는 게 아니라 식물도 가지고 있는데 보통 식물의 엽록체 하나에는 1백20 개의 유전자가 들어있다고 한다. 따라서 식물은 나름대로의 유전자를 갖는다. 이것은 어느 생물이나 유전자를 갖는다는 말로, 그래야 저와 닮은 새끼를 남기는 법이다. 아무튼 식물만이 양분 제조공장인 엽록체를 갖는다는 점에서, 식물을 먹고 살아야 하는 동물에 비하면 식물은 위대한 초능력을 가진 생물인 것이다. 요새는 식물 유전자를 사람세포에도 이식(?)한다는데, 머지않아 늘푸른 녹색인간이 태어나게 될지도 모르겠다. 감로수(甘露水)인 똥물을 실컷 마시고 양지바른 곳에서 햇볕을 쐬면서 살아가는 녹색인간 말이다. 넋두리요 허튼소리가 되겠지만, 정리해고 겁 안 나는 세상이 된다는 말이 아닌가! 참으로 솔깃하고 시의에 맞는 적절한 발상이라 하겠다.

우리 몸엔 몇 개의 우주가 있을까

한자로 세포(細胞)는 '작은 주머니'라는 뜻에 가까운데, 훅이 코르크 조각에서 처음으로 세포를 봤을 때는 그것이 '작은 방'을 닮았다고 하여 'cell'이라는 이름을 붙였다고 한다.

보통 한 사람의 몸은 70조~1백조 개의 세포가 모여 만들어지는데, 일반적으로 체중이 많이 나가면 그만큼 세포 수가 많은 것이다. 이 세포들을 먹여 살려야 하니 때맞춰 먹어야 하고, 끊임없이 숨을 쉬어야 하고, 쉼없이 심장이 뛰어야 하는데, 자식이 많을수록 많이 먹어야 하니 허파나 심장의 부담도 그만큼 커진다. 그런데 입으로 먹은 양분과 허파에서 흡수된 산소는 도대체 어디로 가서 무슨 일을 하는 것일까.

세포의 중앙을 차지하고 있으면서 세포의 세계를 통솔, 지배, 조절하는 핵(核)을 살펴보도록 하자. 흔히 '핵' 하면 사물이나 행동의 중심이 되는 것을 말하는데, 세포뿐만 아니라 가정이나 사회, 국가에도 언제나 핵이 존재한다. 세포의 핵을 '알맹이'라 한다면 핵에 들어있는 인(仁)은 '알갱이'라 하겠는데, 생물을 전공하는 사람들도 '仁' 자의 의미를 놓치는 수가 있는데 여기의 인은 '어질다'는 뜻이 아니고 '입자(粒子)'라는 뜻이다.

어쨌거나 세균 무리를 제외한 모든 생물 세포는 핵을 갖는다. 전자를 무핵 또는 원핵세포라 하고 후자를 진핵이라 하는데, 무핵은 핵막이 없어서 유전물질인 DNA가 세포질과 같이 있으나 핵막이 있는 진핵세포는 유전물질과 세포질이 따로 나뉘어 있다. 좀 어려운 내용이 되겠지만, 그래서 무핵세포는 (DNA의)RNA 만들기와 단백질합성이 동시에 일어나지만, 유핵의 경우에는 그 일이 순서대로 일어난다. 핵에서 만들어진 RNA가 세포질로 나올 때는 핵막의 구멍인 핵막공(核膜孔)을 통해 나오는 것도 진핵세포의 특징이다.

앞서 핵에는 유전물질이 들어있다고 했는데 그것이 바로 DNA가 되겠다. 다시 정리해보면, 사람의 경우 세포의 핵에는 염색체(46개)가 들어있고, 이 염색체들은 DNA와 단백질로 구성되어있다. DNA는 A(아데닌)와 T(티민), G(구아닌)와 C(시토신)가 염기쌍을 이루고 있어서 DNA의 일부분이 1개의 유전인자가 된다. DNA를 모두 뽑아 그 길이를 재면 2미터나 된다고 한다. 눈에도 보이지 않는 세포의 핵 속에(보통 하나의 핵은 세포 부피의 10퍼센트를 차지한다) 천문학적 길이인 2미터라는 DNA가 들어있다니 놀랄 일이 아닐 수 없다.

그보다 더한 일은 그 2미터를 구성하는 염기쌍(A-T, G-C)이 60억 개 들어있으니 세포에 우주가 들어있다 해도 과언은 아닐 성싶다. 그리고 그 DNA 염기쌍 일부분이 하나의 유전인자라 사람의 유전자는 6만~8만 개로 추산된다. 이렇게 많은 유전자

를 가진 남녀 사이에서 생긴 자식과 똑같은 형질을 가진 사람
은 태어날 수가 없기에 그 많은 사람들의 얼굴이나 성질이 그
렇게 가지각색인 것이다.

'인' 이야기를 덧붙여보면, 핵 하나에 인이 1개 존재하는 것이
원칙인데, 세포분열과정에는 여러 개의 작은 인(많으면 10개까
지)이 보이지만 결국에는 1개가 된다. 세포질에 들어있는 단백
질 합성공장인 리보솜은 이 인에서 만드는 것으로, 리보솜은
감마RNA(rRNA)와 단백질로 구성되어있는데, 단백질은 세포질
에서 받지만 rRNA는 DNA의 명령을 받아서 인이 만든다. 활동
이 활발한 세포일수록 인의 크기도 크다고 한다. 리보솜은 약
30마이크로미터의 작은 알갱이로 전자현미경이 아니고는 보이
지도 않지만 그곳은 단백질을 합성하는 중요한 곳이다.

세포 주성분은 단백질이라 말려서 무게를 달면 거의 반이 단
백질이다. 그만큼 단백질은 중요한데, 세포막은 물론이고 세포
소기관의 어느 하나도 단백질 없이는 존재하지 못해 수천 가지
의 효소나 그 많은 호르몬이 단백질이라는 뼈대로 이루어져있
는 것이다. 음식을 먹을 때 단백질을 강조하는 이유가 바로 여
기에 있다. 단백질이 부족하면 세포분열이 일어나지 못하여 키
가 작고 몸도 마르게 된다. 탄수화물과 지방은 체내에서 서로
바뀌어 부족한 쪽을 보충할 수가 있으나 단백질은 밖에서 섭
취하지 않으면 몸에서 만들어지지 않기에 더더욱 강조되는 것
이다.

어쨌거나 먹은 단백질은 소화효소에 의해 분해되고 물에 녹

는 작은 분자인 아미노산으로 흡수되어 1백조 개의 세포에 도달하여 각 세포로 들어간다. 만일 그 세포가 위벽세포라면, 위벽세포는 음식이 들어오면 효소를 분비하는 펩신을 만들기 위해 바빠지기 시작한다. 위벽세포의 핵에 들어있는 펩신을 만드는 유전인자(DNA)가 전령RNA(mRNA)를 만들고, 이것이 핵막공을 타고 나가서 세포질에 도착하여 리보솜 가까이로 간다. 리보솜은 크고 작은 2개의 단위로 되어있어서 보통 때는 떨어져 있다가 mRNA가 나타났다 하면 작은 단위가 먼저 달려가서 달라붙고 큰 것이 뒤따라 붙는다. 이 큰 것의 운반RNA(tRNA)는 가까이에 있는 아미노산들을 운반해오는데 여기에도 궁합이 있어서 64가지의 tRNA가 20가지의 아미노산을 짝지어 온다. 리보솜에 끌려오는 것도 mRNA, tRNA의 궁합(염기 순서)이 맞아야 하니 그리 쉬운 만남이 아니다. 아무튼 이 리보솜에서 아미노산들이 서로 결합하여(펩티드 결합) 여러 개의 아미노산을 가진 펩신이 만들어진다. 이 펩신은 쇠고기나 달걀 등 또 다른 단백질을 잘라낸다니(가수분해) 단백질의 세계도 오묘하기 짝이 없다.

보통 2개의 아미노산이 펩티드 결합을 하는 데는 20분의 1초가 걸린다고 하는데, 만일 4백 개의 아미노산이 결합하여 한 분자의 단백질을 만들면 20초가 걸리고, 큰 단백질도 60초에 한 분자씩을 만드니 리보솜은 바쁘게 돌아가는 단백질 제조공장이다. 각 세포가 각각의 특징 있는 물질(침, 위액, 이자액 등)만 만드는데, 세포들도 영특하게 경제적인 분업에 매우 익숙해있다. 세포가 비눗방울처럼 14면체로 되려고 하는 것도 물질의 확산과 이동이 가장 효과적이기 때문으로, 이렇게 이상적이고 경제적인 상태로 계속 바뀜을 해온 것이다.

　보통 사람들이 이해하기가 어려운 내용임을 익히 알면서 이 글을 쓰고 있는데, 세포가 대단히 복잡한 얼개를 이루고 있다는 것만 알아도 소득이 있다고 생각한다. '세포는 우주'라는 말을 강조해두고 싶다.

기초가 튼튼해야 노벨상도 바라본다

"순수한 과학의 의미는 자연 속에 몰래 숨어있는 것을 찾아내는 데 있다. 그 수수께끼를 풀려면 무엇보다 자연에 흥미를 가지고, 호기심이 가득한 눈으로 자연을 들여다봐야 한다. 왜 사과는 떨어지는가라는 의문을 가지지 않았다면, 지구가 당기는 힘을 가지고 있다는 것을 발견할 수 없었을 것이다. 그러나 과학의 많은 업적은 '우연'이라는 말이 있다. 뉴턴도 떨어지는 사과를 주워 바지에 쓱쓱 문질러서 많이 먹었을 것이다. 그러다가 어느 날 우연히 '아니, 이게 왜 떨어지지?'라는 강한 의문을 가지게 되었을 것이다. 호기심이란, 주변에 일어나는 작은 일도 그저 그러려니, 그저 그렇겠지 하며 지나치지 않고 '왜'라는 의문을 가지는 것을 말한다."

위 글은 필자가 쓴 『꿈꾸는 달팽이』 일부로 중학교 1학년 1학기 국어 교과서에 실려있다. 과학의 본질을 설명하는 대목으로, 과학은 호기심에서 시작되고 과학을 하는 데는 순진한 어린이의 눈과 마음을 가져야 한다는 것을 강조하고 있다.

오늘 아침 앞집 젊은 엄마와 대여섯 살 난 꼬마 아들의 다툼이 내 귀를 놀라게 하였다. 아이는 "엄마, 저기 지렁이 있다. 나 지렁이 볼래. 나 지렁이 관찰할 거야." 하고 막무가내로 떼를 쓰는데, 엄마는 "애야, 징그럽다. 가자. 얘는 못 말려, 징그럽다 니까."라고 윽박지르면서 아이의 팔을 끌다가 나중에는 냅다 등 줄기를 세차게 갈기면서 아이를 개 끌 듯 끌고 가는 게 아닌가.

정말 이래도 되는 것일까. 과학 하겠다는 놈에게 용기와 격려는 못할지언정 엄마가 훼방을 놓다니. 아버지의 시계를 삶아 놓고 또 달걀을 품고 있는 에디슨을 본 그의 어머니 반응이 어 떠했나를 생각해봐야 할 것이다. '못 말릴 아이'라거나 '미친놈' 으로 보지 않는, 감성이 아닌 이성으로 자식을 키워가는 발명 왕의 어머니를 닮아야 하지 않을까.

"그래, 우리 지렁이를 관찰하자. 이쪽이 입이고 그 반대쪽에 항문이 있고……. 마디를 헤아려보니 75개……." 아니면 우두커 니 서서 방해나 말고 하는 짓이나 물끄러미 쳐다보기만 했어도 100점짜리 엄마였을 텐데…….

석학 임어당은 "중국의 현대과학 발전이 늦은 것은 중국인들 이 물고기를 볼 때 관찰은 하지 않고 어떻게 요리해서 잡아먹 을까부터 생각했기 때문"이라고 했다는데, 이 말은 우리도 곱 씹어봐야 한다. 그렇지 않은 학문이 있을까마는 과학은 의문을 가지고 자연을 관찰하여 그것의 신비와 비밀을 찾는 것으로, 무엇보다 관찰에서 시작되는 것이다.

"우리나라에서는 왜 아직도 노벨상이 안 나옵니까?"라는 가 당찮은 질문을 자주 받는다. 국력이 이쯤 되었으니 하나 나올 만하다는 자신감의 발로겠지만 그것은 오산이요 과신이다.

사실 우리의 국력은 대단하다. 세계사에 없는 기록을 세운 경제 성장은 모든 국민의 피와 땀의 결실이다. 경제력 못지않게 과학 분야도 엄청나게 발전하였으니 가슴 뿌듯하고 그동안 응달에서 애쓴 장한 과학자들께 찬사와 박수를 보내는 바이다.

그런데 과학은 하루아침에 이뤄지지 않는다. 쌓인 역사를 무시하지 못한다는 말이다. 서양의 현대과학이 200년의 역사를 갖는 데 반해 우리는 고작 50년이 채 못 되었으니 척박한 땅에 이제 뿌리를 내리기 시작했다고 보면 옳을 것이다. 해방 50년을 맞았으나 미군정기와 6 · 25전쟁 기간을 빼고 나면 우리 손으로 우리의 것을 연구하기 시작한 것은 40년 정도로 필자를 한국 과학 1세대라 보면 되겠는데, 그새 노벨상을 받겠다니 여기서도 우리 민족의 서두르는 성질을 발견하게 된다. 우연찮게도 큰 상들을 받는 나라들을 보면 하나같이 기초과학이 탄탄하다는 것을 알게 된다. 2차 세계 대전의 패망국인 독일이나 일본이 50년 만에 오뚝이처럼 다시 일어나 지구를 쥐고 흔들어대는 것도 과학의 힘인데, 모두가 기초과학의 밑바닥이 야물디야물기 때문에 가능했다.

우리는 그동안 그들을 따라붙으려고 응용과학(첨단과학)에만 매달려왔기에 기초과학의 부실화를 초래하고 말았다. 넓디넓은 기초과학의 틀 위에 응용과학이 얹혀있는 피라미드 모양이라야 할 학문의 틀이 거꾸로 뒤집혀진 역피라미드 꼴이 되고 말았던 것이다. 기초과학 없는 응용과학은 있을 수 없는 것이니 이제부터라도 뿌리가 튼튼한 기초과학의 나무 위에 탐스런 응용과학의 꽃이 피도록 균형 있게 과학을 발전시켜야 할 것이다.

과학의 기본은 관찰력 못지않게 기록으로 남겨 문화(과학)의 유전과 진화가 있어야 하는 건데 우리네는 어째서 기록하고 보관하는 버릇이 안 되어 있을까. 주변에서 일기를 쓰는 사람을 찾아보기 힘든 것이 단적인 예다. 역사적으로 보면 조선시대의 피비린내 나는 사화(史禍)나 당파싸움마다 몇 자의 기록이 화근이 되었고, 근대에 들어서는 좌익·우익을 가리는 근거가 되었으니 기록하는 습관이 몸에 밸 수가 없었는지도 모른다. '무기록이 상팔자'일 수도 있었으니까.

보관, 보존의 문제도 마찬가지다. 얼마 전까지만 해도 먹고 살기 어려웠으니 보관했다가 후손에게 넘겨줄 건더기가 없었고, 그나마 남겨진 것도 수많은 외침(外侵)으로 인해 귀한 유산이 불타버려 전통적으로 보존에 무감각해진 측면도 있을 것이다.

얼마 전 '거미박사'로 이름난 남궁준 선생을 만났다. 이런저런 이야기 끝에 나는 깜짝 놀라지 않을 수 없었다. 그 많은 채집품이 제자리를 찾지 못하고 아파트 구석에 처박혀 있다는 것이 아닌가. 그 귀한 거미 표본들이 이미 날아가버린 알코올을 그리면서 바싹바싹 말라 들어가고 있단다.

"우리 대학에 기증하면 어떠냐."라는 나의 말에 남궁 선생은 "전공하는 사람이 없는 곳에 주면 길가에 버리는 것이나 다름

없다."라면서 고개를 흔드셨다. 그러면서 "국립자연사박물관이나 하나 지으면 기증할 텐데⋯⋯." 하고 뒷말을 흐리셨다. "만물은 제자리가 있다." 하지만 자리를 찾지 못하고 사라져가는 보물들이 비단 거미 표본만이 아니라는 것을 잘 알고 있다.

자연유산을 기록 · 보존 · 연구하고 전시하여 교육장으로 쓰는 박물관이 미국에는 1천1백76 개, 독일에는 6백5 개, 영국에는 2백97 개가 있고, 못사는 나라에 속하는 방글라데시에도 10 개가 있다는데, 이제는 선진국 대열에 속한다고 뻐기는 우리에게는 단 한 개도 없다. 세계화도 중요하고 월드컵경기장도 중요하지만, 적어도 자연사박물관 하나쯤은 만들어놓아야 하지 않을까 싶다. 속 빈 강정 꼴이 되지 말았으면 한다.